老闆BOSS一定要聽的50句真話

施耀祖——著

序

一位西洋小孩，誠實向父親招認砍了櫻桃樹的故事，傳頌至今，中外皆知。顯然，簡單的說出真相是一件非常困難而難得的事，也因為發生在國家領袖的童年，其人格特質更顯彌足珍貴。

人生苦短，這一輩子要把自己一個人或一家老小都搞定，這已經非常不容易了。面對由眾多人——少則十數人，多者動輒成千上萬——組成的企業，要管理好這一群人的複雜和困難度之高可想而知。因此，管理的領域內充斥著各種方法和心得，都在告訴經營企業的人怎麼樣能把事情做好，用什麼方法才能管理好這些員工，員工應該以什麼心態來適應企業的文化和環境。但是在成篇累牘中，想要看到評論或指出經營管理者態度與做法的研究，Google的強力搜尋引擎可能也幫不上忙。

這些在高位的領導人，總自認為、也被認為是天資聰穎、積極進取、勤奮過人，成功時毋需隱藏自己的英明，失敗時則可能盡數罪責員工或局勢。那些和經營管理人行事作為相關，卻可能是影響結果的關鍵真話，有誰敢說得出口？或夠格對老闆說三道四呢？

本書作者歷經企業高位，自身就是可被指摘的對象，同時也看遍那些高位者的行事風格和看清這些人的能耐。在職場的末期，已餘留反省機能和親身的體驗與感觸，多少點出一些企業經營管理普遍的現象和可以細加斟酌的做法。希望這些員工難以起的真話，或有助於企業營運的順暢。

目次

1
企業的存續

訪問一百個企業經營者或經理人，如果不涉及祈求溢助資金時，可能有一百零一個人會訴說企業經營所面臨的辛酸血淚，那第一百零一個通常是企業主的賢內助，她不得不嫁雞隨雞的與企業一起走過艱困的歲月，縱有滿腹怨言，也只有咬牙吞下苦水，當然有福亦能共享，但成功的企業家於功成名就之際，棄糟糠妻於不顧的，亦所在多有。

現存的企業並不代表未來會繼續存在，根據統計企業平均壽命不超過十年，其中有近八成夭折，且全球皆然，這表示在光鮮亮麗的外表包裝下，其實絕大部分的企業都隱藏著巨大的問題，且問題嚴重到足以致命，縱使是倖存體質較佳的百分之二十，仍然潛藏著問題，不知何時會侵蝕掉辛勤艱苦建立的基業；若以人七十到八十歲的平均壽命和企業比擬，大部分企業的壽命過於短暫。近年來因健康意識的抬頭，定期性的健康檢查受到所有人的注意，也被政府相關機構設定為強制性的例行活動，就是希望在全民健診時，病兆能即早被發現而受到妥善的醫療。預防醫療加上科技的進步，人類的壽命因此逐年遞延，預估本世紀末，百歲不再是人瑞門檻而是平均壽命，這表示了勤於事前預防保健，是維持健康與長壽的的不二法門；人對於維護個人健康的態度與方法，為什麼不能用在企業的經營上？許多的企業主窮其畢生之力，甚至於犧牲個人健康和家庭生活，就是希望建立自己的企業王國，能不斷的擴張版圖並長長久久；企業主日以繼夜的解決問題，每日孜孜矻矻的計算利益，可是卻疏於定期全面的審視診斷企業體的狀態，不能清楚顯現現存和潛在的問題，也就無從執行有效的針對性改善和預防措施；個人的健康如疏於照顧，頂多影響到父母妻子或擴延至親友，但企業的健康影響的層面擴及所有員工、家屬、上下游相關產業及往來的廠商、客戶，其程度千百萬倍於個人，甚至可能引發連鎖的社會問題，因此企業經營者均擔負了無可逃避的社會責任；除了極少數心存歹念的害群之馬外，絕大部分的企業主或經理人，不會於企業成立之初即心存惡念，但經營不善的結果，卻和詐騙者的行為沒有兩樣。因此企業存在的一天，就不可避免的必須定期檢視企業各面向的健康狀態和變化，即早發現，即早治療預防，這種花費如果和其他領域投入的資源比較，微不足道，但成效卻難以估計。

2

企業主或經理人的迷失
——企業經營的問題誰最清楚？

歷經千辛萬苦可以說是企業主建立企業過程的寫照，不論是親力親為或結合有志之士一起創業，期間遭逢的大小問題和籌思解決的過程，企業主勢必均親身經歷或感同身受，因此不論是自行創業的企業主或一開始即受託經營的經理人，在企業站穩了腳步後，總是不忘來時路的牢記過往的經驗，而歸納演繹出獨特的成功之道，絕大部分也認定這就是成功的法門。在人生的歷程中，難有第二次創業並成功的機會，不僅機會難遇，時間亦不容許，因此自然把一次成功當成是永遠的成功。

但企業是一個不斷成長的個體，環境在改變，企業本身也一直在改變，當成長到一定的規模時，企業主或創業的經理人已不可能如創立之初期，藉由完全的關注來掌控企業所有的行為和變化，而必須廣邀人才，各司其責。因外來元素的加入，企業體的本質逐漸和初創時不同，加上環境改變的催化，將促使企業自體產生應變，如果企業能充分運用並結合內、外的資源，找出正確的方法建立機制，企業自然能從容的應對，逐步的突破現狀開創新局。

在企業自體產生應對機制的同時，另一股強大的力量卻反向拉扯，它就是創業者琅琅上口不斷重複的「成功經驗」。因為企業主通常擁有絕對的發言與決策權力，並以獨有且完整的經驗堵住創意與異議，大部分企業又缺乏相對的制衡機制，因此企業自體產生應對機制的力量受到壓抑，大部分的企業反而不斷的種下危險因子，問題也層出不窮。

此好比人的成長過程，脫離襁褓期後，因攝取各類的食物，以及擴大和外界的接觸，體內的毒素逐漸累積，加上從小到大逐漸養成的習慣和未必正確觀念的推波助瀾，身體自然產生病變。自身的免疫系統，為健康執行第一道的把關，小病痛的不適反應促使人就醫，成為健康把關的第二道關口；而定期健康檢查找出潛在問題並延請專科醫生診療則為第三道把關。

因為企業主的自信甚至可能是自傲，就不像對待自己的健康一樣，願意接受外界的檢驗，總認為自己是最熟悉產業與公司的人，殊不知實際環境已非昔日，以往成功的解決方法已不適用於現時，個人和團隊的能力因同質與封閉性而有缺口疏漏，成功經驗的自信變成自傲，加上掌有之絕對權力，反而成為不能突顯問題甚或製造問題的遮蔽物與來源，身在局內反而迷失於陣中，這都有賴於頭腦清新的旁觀者，藉一定的分析手法推演解惑。

3 企業主或經理人本身通常是企業最大的問題所在

由外表來看，由於不斷的或眩目的商業活動而顯現的熱絡景象，似乎任何企業均活力無窮欣欣向榮，努力的秀出屬於自己已佔有的一片天地且未來可期，如進一步朝內觀察，幾乎大部分企業內的個人也都忙碌不堪，朝九晚五並經常超時工作，周而復始緊張的讓上班族喘不氣來，腸、胃、精神官能不適等症狀已是家常便飯，似乎難以倖免，沒有慢性疾病纏身的反成異類；但是統計數據卻遮蔽了外顯的光彩，顯示企業的壽命絕大部分都不長，而活得長活得好並且績效卓著，甚至能獨佔鰲頭的企業，就更寥寥可數。探究其原因，不論各面向的組成原因有多複雜，一個企業如果曾經或不斷的費許多心思，仍未見改善之效，通常只剩下唯一但卻不易追究或攤在陽光下的原因，追根究底其實企業主或執掌經營實權的一小撮經理人，反而是罪魁禍首，換句話說就是不論更換千百人，不如換掉一人，但是這個人卻難以撼動。有一句話生動的描繪了這個現象：將帥無能，累死三軍。

企業主的信念和堅持，正是促進企業不斷成長茁壯的動力來源，反言之，亦促使企業提早夭折；企業主慣常把企業體視為個人的禁臠，並高估自己的經驗、能力與判斷，而阻斷了更佳能力者在體系存活的時間與採用更好的方法；納百川而成大海，因為環境的迅速變遷、組織體系的大幅擴編、對應事務的處理程序日益複雜，均易使原先應付裕如的企業主逐漸捉襟見肘，此時企業主有一項很重要的本事就是學會如何體認它是事實，承認自己升任至不能承擔的職位，雖然頭銜不變，但職務內容已大大改變，難度大幅提升。企業主大部分受限於個人資質與深度學習需要時間等因素，面臨能力成長的極限與瓶頸，為了企業的持續發展與進步，此時最佳的方式，就應思考由一個完全客觀外來的團體，以一定的步驟與方法仔細的解析企業的體質並點醒企業主真正的問題與形成的原因，因為是第三單位的建議，企業主可坦然的視之為清楚顯現原貌的一面鏡子，不只照清楚自己，一樣照清楚所有的人與事。改變他人前應先思考自己是否應先調整，刮別人鬍子前先刮自己的鬍子；一個像樣自覺的企業主，不會眼睜睜的看著企業面臨困局而無良策，當然更期望視如己出一手創建的企業能超越人的平均壽命而流傳久遠。摒除自大，建立可長可久的制度才能使企業永垂不朽，這都要借助外力與方法。

4 企業在什麼狀況下感覺到問題？

一個在創建中的企業，任何企業主都隨時能感覺到企業目前面臨和存在的問題，險困的環境，滿腔的熱情和緊繃的神經，促使企業主恢復叢林中求生存的的動物本能，隨時體認到面臨的危機和問題所在，並且會立即採取對應的行動；當企業逐漸站穩腳步，獲利日豐甚而讚賞與光環加身時，企業主的戒心自然衰退，安逸、自信與自傲，使敏感度降低，如果這是一個制度極為良善的企業，在周密的警示與制衡機制下，會自然產生抗體，消除不良因子解決問題，甚至因此補強體質；如果不是，則問題會在企業體內長存而根深柢固，並衍生為其他的問題或結合其他不良的因子，以致盤根錯節，甚至找不到根源與各種問題的關連與順序性。

企業在成長過程中，常因時機之利，而大幅飛快的成長，此時企業既存與衍生的危險因子與問題，並不會於此刻減損其成長趨勢，自然也就被忽略，企業也因亮麗的營收，誤認為自家企業的體質良好眼光獨到。證諸市場的發展歷史，其榮枯基本上有一定的週期，企業的體質也有一定的負荷量，當景氣轉趨平緩，競爭者眾多並趕上水準，而企業的規模所累聚的問題已超過企業體質所能承擔的負荷時，企業開始有了警覺，問題也才會受到重視。

問題存在並逐步惡化時，必然有些症狀呈現於表象，好比人們生病時的病相，醫生由望聞切問，可以初步的判斷疾病的種類、原因和來源，以下是潛在問題的表面徵兆：

- 營業規模持續擴大，但獲利比率卻有向下滑落之趨勢。
- 組織與人數越來越龐大，但營業額增加的比例不成正比或人均產值反向遞減。
- 企業整體表現各項指標的平均成長速度，低於市場擴張的速度或低於競爭者的成長速度。
- 全部的員工均異常忙碌，人員的流動率持續攀高。
- 員工、供應商與客戶對企業的整體評價和觀感，有下降的跡象。

・企業內相同的問題一直重複發生，無解決的跡象。
・企業內有一大堆解決問題與提升效率的專案，但具體產生成效的比例偏低。
・企業主開始熱衷企業經營以外之事務。
・企業購併與擴張的腳步加快，但所有個案的成效均和預期有極大的落差或呈現反向負面的結果。

由表面的徵兆，有經驗的經營者即可初步的推估企業可能存在的問題、原因，甚至可以預測該企業未來發展可能遭遇的重大難題，但真正的原因仍須以經營分析的特殊手法，由各方面蒐集訊息，仔細的分析、比對，找出前後關聯，佐證而後判斷，才可能產生足夠的吸引力，使企業經營層有所警覺而採取行動。

5 財務分析對問題的解決於事無補

企業主或經營者，在治理公司時，多如牛毛的資訊會不斷的由各方湧入辦公室。其中最常見而且又制式化定期產出的就是財務報表，它揭露了企業目前已發生的營收、獲利與財務狀態。企業經營成效與變化由這些數據中多少可顯露端倪，對非親身參與營運的投資者而言，財務報表當然是瞭解企業營運狀態的重要資訊來源，可能也是唯一的管道，但也常被財務報表的數據所迷惑，甚至可能矇騙，因為企業經營者有無數的手法，可以修飾其結構內容，而使數據失真；加上報表編製者普遍存在的能力和經驗不足，以致歸類與統計方式產生偏差，其呈現之數據則僅供參考；這些落後指標的財務數據，充其量是用來滿足法令要求消極作為下的產物，對實際掌管企業營運的經營者而言，僅具參考性質，如果據以思量對策，則必然失之偏頗不能找到根源對症下藥，更遑論效益。

完全以財務背景為班底組成的會計師事務所，多半也同時執行企業管理顧問的角色，基本上習慣以各種財務指標來解析企業的營運狀態，瞭解其體質找出問題點並給予管理改善的建議，然而真實的原因通常隱藏在各種財務數據之後，必須更深入的瞭解該企業所處的環境、發展過程、人員組成、文化和企業運作的方式，才能在錯綜複雜的關係中，逐條剖析找出潛在且真實的原因；只有財務背景的會計師顧問群，通常並不充分具備實際參與營運的經驗和能力，也就難以體會，同時企業亦不容許他們有實地深入瞭解的機會；產業分析師同樣的缺營運實務的背景，因此他們的看法和建議雖然在專業術語和理論的包裝下，各種分析報告似乎均言之有理、冠冕堂皇，但未考慮實體運作之可行性，因此僅具部分參考價值，所以許多經會計師查證正常並輔導的企業或產業分析師看好的公司，狀況頻仍以致投資虧損時有所聞。

企業主如果過於依賴財務報告和以會計師為主要組成的管顧公司所提之分析與建議而決策，則難以避免決策未深入肌理，面臨無法有效執行和成效不彰的風險；他必須體認只有由數據表相細心的逐步下探資料的組成元素，且謹慎的確認元素的定義出處及數據完全正確，再連結至其他相關因子，逐層剖析，並經與相關執事者辯證、反覆演算與討論、多方推敲，才可能深入問題的核心，而對症下藥提出可帶來效益的解決之道。

企業內部，有誰能執行上述的工作？官官相護，不只是官場的專屬特質，企業界亦然。如果各有保留、顧忌、相互掩飾，問題真因自然難覓；而企業經營者受限於能力的全面性與深入度及壓縮的時間，非不為而是無能為也。企業主在企業成長過程中通常僅專精單一領域，其他領域委由其他經理人分擔處理者居多，因此管理高層的一小撮人大都各有專精，具備完全瞭解並有整合能力者極為罕見，依賴會計師之見解又可能不夠實際缺漏難免。因此大部分的企業總是起起伏伏，穩定度不夠；於低潮時渡過難關，憑藉的多少是經營者不服輸的韌性和機運；其實企業經營可以不需要如此，不用那麼辛苦，甚至以犧牲個人健康、家庭和役使所有的員工來換取成果，如果有人可以事先提出切入弊害之警訊及解決防制之道，企業主也能虛心接受，就可以減少事後的懊悔和無意義的忙亂與不斷補破洞的麻煩。

6

不斷的修補，使企業的制度成為拼貼的大花布

一個運轉中的企業，問題的發生或一而再再而三的重複發生幾已成常態，組織成員疲於奔命的應付，問題的來源也五花八門，有來自於制度的疏漏，執行者的能力不足與不當之操作，主管的隨性指示與改變，外在環境的影響，方法與概念的誤用工具的過時落伍，企業與個人偏差的價值觀，客戶的特殊需求……等等，不一而足。通常問題的發生總是急如星火，解決時限迫在眉睫，籌思解決方法時自然無暇深思問題發生的根由與長治久安之道，而傾向於現時狀況的處理；新的問題接踵而至，經營者和其領導的團隊旋即轉向面對新的狀況，追根究底仔細思量的念頭，逐被拋諸腦後。絕大部份的主管專精於單一領域而不具全方位的經驗，思慮受限的結果自然把解決問題表面的方法視之為唯

一解決之道，在被要求建立制度杜絕再發生時，現時習以為常的處理方式自然成為制度的一環。

隨著時間的演變，各種單一領域表面的防治之道與作業方式逐漸加入運作程序中，日積月累拼湊出一塊大花布式的制度，因為是各單位因地制宜總和的結果，彼此矛盾扞格之處比比皆是。前後連貫性受到阻斷破壞，制度與運作程序越趨複雜，舊問題因新的運作方式引發出新的問題，而舊問題亦未能根絕，人員則更為忙碌，形成惡性循環。再加上企業經營者在和外界頻繁接觸的過程中，接收到其他企業的經驗和管理新知，或者於旅程、閒暇時靈光一現的獨到想法，藉由指示片段式的加入制度的運作程序中，更深化了現行制度的複雜與不連貫性。

制度最重要的一個特質就是前後的一貫性，前端的想法和運作方法，將影響到後端的產出，此種關連性在制度或運作方式建立與修正時，應被仔細考量，可能本身沒有問題，卻可能成為其他問題的根源。因此企業體必須思考每隔一段時間重新回顧目前制度運作程序的合理與一貫性，而通常企業內最欠缺的就是熟悉每一個運作環節並深知其關連性又具整合能力的人，同時沒有本位主意的束縛，雖然企業主或企業經理人可能是最佳的人選，但通常企業成長到一定規模，經營者已不再完全熟悉其細部運作程序且時間也受到嚴重切割，無法專心一致平心靜氣的檢討，此時於組織中設立專責部門用心的培養相應人才或借助外力可能是最佳的選擇。

7 簡化是效率的根源

企業是一個不斷在運行與成長的個體，在進展與變化的過程中，因為事實的需要，不斷在原來的主架構中添加一些額外的元素，因此逐漸形成一個作業程序繁複、要求與限制眾多、複雜而龐大的體系。因為人員的異動更替與時間的累積，慢慢的組織內已沒人能完全瞭解目前組織架構與作業程序蘊含的精神，與現實和期望間的差異及更動的來龍去脈。縱使有些企業於變動程序時，雖可能留下原因的記錄，也因案牘成疊，不易深入體會，何況大部分的企業內部組織及程序更迭頻繁，因此這些變形的組織和程序可能偏離期望的基本精神與需求遠矣！

簡單的事情複雜化是企業逐漸失去效率的根源，雖然人員數目不斷增加，自動化和方便的工具也盡可能隨著風潮而運用，但它們帶來的正面效益抵不過程序複雜化所造成的負效益。因為作業的複雜，資質水平中等的一般工作人員，欲完全清楚瞭解一件事情處理的目的、方法並抓住竅門，所需的時間因此拉長，甚至始終一知半解更遑論得其精髓，效率難以期待，並造成連鎖式的混亂。

簡單與重複是做好與記憶一件事的基本元素；簡單則清晰，易於瞭解吸收，重複則熟練，熟則能生巧，它不只適用於生產線的直接員工，一樣適用於為數龐大但卻對企業營運有具大影響的間接人員與主管。作業簡單，因為注意力聚焦，思慮自然周密而嚴謹，如果企業的制度存在激勵創新的因子，還能激發員工因此提出改善與提昇效率之道，許多企業因員工的專注投入和獨特的見解，帶來無止盡的進步。

能在一個程序內或一個單位一次就做完的事，就不應分兩個單位分別執行，非必要的分離處理增加了兩個單位或個人溝通與接手檢視的工作時間，且責任有時難以釐清，如此的環境將是和稀泥最好的溫床，其將會引發後續更多更大的問題而造成損失。

因為作業單純重複，熟能生巧，則「必須把本身的事情做到完善才能交給下一個人」的觀念和做法才能順利的推動，如此就可以避免事情的反覆來回降低效率。通常主管人員在問題發生後，為了善後處理與防止問題的再發，因此設計了許多管控點，反而使事情與程序複雜化，如果大部分的人自發性的把本身的事情做到完善才交給下一個人，則為了防止問題發生而設計的管制點相對減少，良性循環於焉開始。

我們可以輕易地由表面現象來觀察一個單位、主管或個人的工作效率，如果他們時時刻刻都非常忙碌，會議無數，問題處理報告如麻，加班頻仍，那麼幾乎可以不用再審視其績效，就可以判斷他們已陷入化簡為繁的狀態而不自知。這種現象經常隱藏在目前仍然亮麗的營收之後而被忽視，只有當營收明顯露出疲態和持續衰退時，企業經理人才會驚覺。

你是這樣的人嗎？你的單位忙碌不堪嗎？問題總是層出不窮嗎？如果是，你應該已陷入複雜無頭緒的深淵無法自拔，解決之道就是化繁為簡，其他的因素可能因此煙消雲散不復存在。

8

結構性問題的解決應在什麼時候？

精明的企業經營者會在景氣低迷時，嗅到景氣循環週期變化反轉的跡象及引發的商機，適時決策提早佈局，待準備期結束時正好銜接景氣來臨，領先同業一步而獲致正確時機帶來的豐厚報酬。「嗅」就是企業經營者對市場與環境的綜合敏感度，因為長期在某一類的產業中打滾，自然不斷的接收各類訊息和體會到連續性動態分析各因素間的關連強度與竅門，比起非同業較能精確的判斷預測景氣的走向、速度和發現機會；而提前佈局，則是企業經營者展現有過人決斷力之表徵，也是企業能長存領先之道。

企業經營除了面對瞬息萬變的外在環境，必須培養敏銳的感受度，並提前做出明確的決策外，真正讓企業維持長久經營歷久不衰的，反而是企業應隨時擁有一個健康的體質，由其所具備的抗體，當企業體在面對各種險阻時，組織和運作制度得以從容應對，敏銳的市場嗅覺加上健康體質的基礎，發揮相乘與互補的效果；但大部分的企業對體質維護與促進的重視度，通常低於對市場的關注度，有時甚至忽視其重要性，因此許多企業經營者雖有敏銳的市場敏度及決斷力，卻因為背後支撐使產生成果的企業體質不佳，而得不到應有的報酬。

健全的體質依賴持續不斷的維護方得維持，但事實卻非如此。經常是表面問題易受到經營者與主管們的絕對關注，優先分配使用資源即時處理，表面問題解決後，大家也忙著面對新的問題，自然把瞭解問題之根由和治本之道拋諸腦後，其實根源依然問題存在，因此相同的問題，隔一段時間重複發生而不斷。如果我們回顧解析一個精明企業經營者的行為，他會在景氣低迷時做出提前佈局增加投資的決策，那麼相反的他也應該在企業營運最亮麗的時期，同時用心全面的檢視企業的體質，發掘並呈現存在營運體系中深層的結構性問題，並集中各種可能的資源，調整並架構一個可以應付未來環境有效率的運作程序和組織。因為全面或比較大幅度的變動和調整，在尚未熟悉與穩定前，一定會帶來負面的效益，如果企業營收已明顯下滑，企業經營者才驚覺必須從體質改善著手，則為了因應新局而變動所導致的負效益勢必雪上加霜，使企業難以承受雙重之痛，常因此中途停止而未能盡其功；甚至有時等不到成果，企業體已被拋出領先群，要再回復往日榮景，勢必有一番難熬的低潮期，企業與員工皆受其苦。

因此企業如已體會其嚴重性，欲真正解決結構性深層的問題，最好的時機就在企業營收接近巔峰的時段，其衝擊最低。但最難以克服的是企業經營者的心態，當營收最亮麗的時候，熱情的掌聲和諂媚的讚賞易使經營者志得意滿，誇大個人的神勇睿智，忘了或不承認有潛在重大缺點的存在，也不會虛心的碰觸麻煩的內部管理制度，卻因此僅見曇花一現的榮景，而不能換來長治久安之道。

9 專心是有效解決問題的基本條件

企業中存在問題千奇百怪，每一個問題或多或少對企業營運的效率造成負面的影響，換言之問題的存在擾亂並阻滯了企業體前進的步伐和影響企業營運的成果；企業體內的每一個成員在面對問題時，如非心存異志，基本上都希望能即時處理，以便順利的完成並轉交給下一棒，扮演好自己在整體運作環境中擔負的角色，盡量不成為麻煩的來源，以免不見容於團隊。問題通常有時效性，必須在有限時間內處理完成，否則即成為個人壓力的來源引來煩擾，因為這些特性，員工在面對與解決問題時，自然驅使員工只想把眼前的事情做完，而不會深究其根源和進一步思考提出防治之道；根源大都源遠流長，涉及的層面、單位和個人既多且雜，而防治之道更涉及習慣的改變和方法的辨證，與執行單位的配合，也就很難期望一般員工短時間可以挖掘出深層的原因，建立共識，甚至提出有效的改善之道。

如果由這個層面分析，則問題可歸納為表面與深層結構性兩種類別。表面問題通常只要投入時間、投以關注、勤於聯繫溝通，請求適度支援，則可以被即時處理且立見成效，因成果易現好評自然隨之，間接的鼓勵企業內的成員採用這種方式處理問題。露出水面的冰山所呈現的是問題的表象，隱藏於後的根源就如同水面下的冰山，龐大、複雜而且久遠。誠然，如果希望問題不再重複發生並降低其併發症狀，必須由隱藏於後的根源著手，所提出的解決方法才是正本清源之道，但是必然耗時甚久。

因此問題的解決也自然分為兩種模式，短期內應有一群人由表面問題著手，即時處理以解燃眉之急和清除眼前的痛楚，另外需要一群人深入問題的核心，分析各種因素的關連性，找出問題真正的原因而提出根本解決之道，它才是促使企業進步的原動力，並且效果影響深遠。但它非一蹴可及，必須抽絲剝繭思慮周密，完全瞭解狀況及來龍去脈和循序漸進，才可能剖析出真實的源頭。它需要能力、需要時間，更需要專心才有可能。

現實作業中，線上的成員與主管，在作業程序內處於環節中的一環，皆負著上下連貫不能延誤耽擱的壓力，例行工作就是他們工作的全部，時間被完全佔據，幾乎不容許有多餘的時間和心力專注於單項事務長時間冷靜的思考，如果有這種期望，不是過於理想就是自欺欺人甚或愚蠢；因此為了解決深層結構性的問題最佳的方式，自然傾向於在直線體系內抽調稱職並和該問題有主要相關的恰當人員，再結合少數的搭配人員，完全脫離現職工作，提供一個專注的機會，讓他們能絕對專心的在一段時間內，深入探討提出解決方案並推動執行至組織成員習慣養成並形成制度為止。抽調期間原有的工作則由代理人完全承接，也是提供代理人一個學習與展現能力難得的機會，為可能的接班預做準備，直到原職務回任為止。

因為解決問題的人和問題的本身有主要的相關，切膚之痛刻骨銘心，問題之追尋必然深入；摒除雜務之羈絆，專心則回復冷靜，思慮自然周密，解決方法才能切中時弊產生直接的效果。當深層結構性問題解決後，許多主管多樣化與整合的能力因此顯現，比較全方位人才的培育也因此向前邁進一步。

10

貪多嚼不爛

企業因問題而降低效率阻礙發展，人盡皆知，企業經營者尤其有深刻感受。它也是企業中每一個體壓力的來源；人類出於本能的反應，當問題發生時如能迅速的解決，壓力自然消除，心理狀態才能趨於平衡，進入舒適的狀態，因此經營者每日無時無刻在面對並處理問題時，很容易陷入下列的情境：既求多也求快。

企業經營者在和外界頻繁的接觸過程中，因經驗與知識的交流，得知某些新工具或方法有助於企業的發展與進步，在求好的企圖心下，會期望並要求相關人員依樣畫葫蘆盡快的使用、導入。求多、求快再加上求好，很容易就看到下列普遍存在的現象：一個時段內各類的改善想法以各種型態在進行中，許多專案換個名稱和成員後，也一再地被重複啟動，其實問題依然循環發生，本質幾乎沒有改變，徒勞無功。

深入瞭解就會發現企業經營者經常性的忽略了人員「工作負荷量」與產出的關連性。為了避免在主管心中造成不良的印象，員工多半難以拒絕主管的各項工作安排與指示，過度負荷的情形於是產生，過重的負荷促使員工們找到另外一條捷徑，以消除超過負荷所帶來的額外壓力，那就是應付式的處理模式，他會想法子在短期內把問題或要求應付過去免得主管追問，但卻不深入問題的核心，也沒時間與精力去完全熟悉新工具的使用方式，或深切瞭解體會一個新方法所隱含的概念與意義，因為不熟悉則難以期望融會貫通的運用在工作中，結果也就非常明顯：企業整體與個人的進步緩慢，但人員卻忙碌不堪。

經營者因為擔負著經營績效的壓力而心急，心急則貪多而嚼不爛，因此經營者除了應具備判斷輕重緩急的關鍵能力外，還應該知道如何有效善用有限的資源，在考慮人員的工作負荷及客觀分析達成的可行性後，將各類資源做適切的配置，如此才能按部就班的逐步達到預期改善的目標；當發現目前的人力狀態不足以執行該項改善或想法時，企業經營者就得暫時擱置該議題，並且學習忍受和問題共存的狀態，裝作視而不見、噤聲不語，等待適當的時機，再尋求解決。

人的能力和時間受先天的約制，企業是由許多人組成的營利團體，一樣類似於人受到能力和時間的約制。企業中任何的行為必然透過人所形成的組織運作執行。因此在指派特別的要求與任務時，首先必須考慮的因素反而不在計畫的完備性與執行步驟，而是思考在現行的組織內，有誰還能負荷這項工作？是不是要現在推動？它帶來效益的優先排序為何？前後關連性次序又如何？

11

忍受缺點是一種美德

企業營運的模式乃歷經時間的淬煉，一點一滴集眾人之力逐步累積而成，為了因應外在環境的變化，又不時的修改及調整，由微觀的角度來看幾乎無時無刻不在變動中。營運模式需透過人和組織運作才能發揮功能，也因為如此，雖然企業體擁有完整而周全的標準作業程序、控制機制和強化人員能力的教育訓練體系，但終究會因為執行者的差異與環境變動的影響，使實際的成效不如預期而產生某種程度的落差。如果期望各面向的落差都在同一時間內彌補，所耗費的資源通常不是一個有限資源的企業所能承擔，因此企業的經營者勢必得選擇影響深遠的項目，優先並集中心力處理，那些不是很重要，影響層面不大，也不急切的部分，只有選擇睜隻眼閉隻眼，容忍它暫時留存在體系內。

容忍缺陷的存在，卻不思改善之道，對求好心切的經營者而言並不容易，也違良心與管理的基本原則，有時可能招致董事會成員甚或外界的負面評價。詳細觀察傑出企業的表現並加以檢驗，任何人都可以輕易的找出他們現存的缺點，唯一的差別是他們擁有的優點所產生的競爭優勢，可為企業帶來極大的效益，和現存缺點所產生的負效益比較，負效益則顯的微不足道，依然能嶄露頭角表現亮麗。因此企業的經營者不應該耗費心力在無關緊要的缺陷上，其他的管理者也應如此，他們應該把全副心力用在對企業必然產生重大效益的事務上。事實卻非如此，因為微小的差異和缺陷，其組成要項和特質均極為簡單而普通，容易被察覺，提出說法、要求及改善的方法也不難。在要求處理時冠冕堂皇的說詞，還可以突顯出管理者的見微知著與特殊情操和建立官威，因此樂而為之，這也就是我們熟知的芝麻綠豆原則。

但重大影響深遠的問題，基本上都極為複雜且牽連廣泛，不易找到真實起源，往往是一群人一陣熱烈討論後，不了了之，中層主管因接觸面狹窄與能力的廣泛度不足，情有可原，但經營階層則不可如此。他首先應將關注細微事項的習慣改掉，再學習視小缺點而不見、噤聲不語，自然能集中時間靜下心來面對並處理影響深遠的問題；持續不斷一再地追根究底，必然可驅使經營團隊把心力用在影響深遠的策略與結構性問題上。兵隨將轉，經營者的重心和風格改變，就有機會培養出一群具備雄才大略的猛兵悍將了，何愁接班人之不可得！

12 錯誤的策略，再多的努力皆枉

沒有一個企業會在設立之初，即設定「不勞而獲」為其經營宗旨。縱使是非法的行業或勾當，如：毒品買賣、走私甚或偷盜，其事前的準備、事中的執行及後續的處理，在在需要付出心力與時間，差別只是合法、非法與合乎道德期許與否罷了！但其經營心力的付出並無二致。

用心與努力的基礎相同，為什麼有些企業早夭，有些曾經輝煌但目前苦撐度日等待晴天，有些則持續領先群倫，實際統計數據更清楚的顯示企業平均存續時間低於十年，「多少耕耘就有多少收穫」的勵志說法好像不適用於企業經營；通常我們可以後見之明的列舉千百個理由分析某一個企業經營不善的原因，排除最難以斷定的機緣因素，還能各個言之成理。但各種因素總有程度之分，如果按重要性排序，首位當以「策略不當」為之。

策略基本上就是指引企業發展與努力的方向，策略清晰明確，企業體內各成員的努力就能聚焦在同一個方向上，而產生實質的效益；但是如果策略模糊或錯誤，則成員的努力向四方發散，甚至朝相反的方向發展，力量難以集中甚至相互抵消，企業目標自然難以達成，換言之，所有努力白費，徒勞而無功。

當企業的策略方向正確，縱使於運作時稍有閃失或無效率，頂多阻滯了進展的速度或減損獲利，但不至於動及根本影響存續；因誤判情勢所做的錯誤策略，卻可能陷企業於萬劫不復之地。回顧企業的成長歷程，現存企業過去成功的軌跡和方向，並不代表未來一定遵循相同的模式進展，因為環境快速變遷，此一時也彼一時也；環境是各種因素的統稱，它有大小環境、內外環境之別，有產業的，也有政治、經濟、客戶習性，甚至包括氣候的因素，使得企業維持在看似穩定但卻動態變化的狀態，必須隨著各種因素的影響不斷的回顧與修正，順應潮流與趨勢，甚至引領潮流和趨勢。

企業經營者如果過於忙碌，必然是忙於雜瑣事務和完全浸淫在自己熟悉的領域內而無法脫身，因為經營者的強勢參與取代了中低層主管的功能，也妨礙了他們成長與獨當一面歷練的經會；忙碌於自己熟悉的領域，只是把自己一時成功的方式當成永遠成功的模式來運作，基本上這種經營者可以說毫無長進。

因為忙碌和紛擾，則很難靜下心來長時間的思考；而策略的分析、調整、設定，卻需要極為平靜的心情和清晰的思緒，才能辨別各種策略選項間的差異、利弊得失、影響深度與風險，也才能客觀而理智的決策。通常企業經營者慣於把一時間之營業額、客戶訂單、客戶數的增加列為首要之務，不僅親自操刀，並志得意滿的誇耀成果且一再強調其重要性，久而久之，企業的經營者只不過化身為公司的超級業務員，而忽略了企業最高領導者擔負的角色，疏忽或放任策略於不顧，或相對弱化了策略制訂、調整、關注的重要性，以致辛勤付出卻不能獲得相對應的報酬，也連帶影響了一群人的生計。失敗的經營者談不上造福社群，還罪孽深重咧。

13

以計畫跨越想和做之間的鴻溝

有些企業的策略就存在經營者或少數高階管理者的腦中，他們說了算；有些企業則會在一年中的某幾個時段，大張旗鼓的召集各部門經理人，熱烈的討論後確定策略，雖然在討論過程中未必完全按步驟合乎邏輯的推論出可行並具遠見的策略，但畢竟具備了形式上的共識，經營者較感安心。不論是來自於經營者獨斷式的要求或經集體討論確定的策略，在過程中，通常不會同時看到執行策略的具體步驟和方法，換言之，策略確定時缺少了策略成功與否的關鍵因素：可行性分析。可行性只有透過執行步驟和方法的詳細鋪陳和討論，才能由實務面驗證策略是否前瞻或荒謬。也因為少了事前的模擬執行程序，許多企業的策略只能歸之為天馬行空、好大喜功或紙上談兵，常以不了了之收場，要不就是在執行過程中跌跌撞撞，不斷地變動調動，結果偏離原訂的策略遠矣！

策略在確定前，必須在想和做之間先做初步的連結，那就是計畫。策略的決策人、經營者和策略的執行者，應該花很多的時間，由無到有，依大家對產業的認知和累積的經驗，一步一步的尋思策略的執行步驟、方法並進入細節，提出可能面對的問題與討論問題解決的方式，在開放式不斷的討論、反覆的思考和辨認中，自然可以集眾人之智規劃出可行的方案，此時再確認策略，就可以避免策略的虛浮誇大、不切實際。一般的企業在計畫作業時，常流於形式，慣常只列出計畫的子項目和時間進程，充其量只能說建立了執行策略不同階段的里程碑，經常輕忽了執行步驟的詳細說明，規劃者會認為時間未到事情也沒發生，如何預知？其實這才是規劃作業的精髓所在，規劃者必須要有本事透過檢驗表的運用，和有經驗與不同領域的人反覆的討論，自然可以使計畫周全，這也是計畫的主要目的，藉此將可知的風險降到最低，執行時可以集中心力於實體的推動面，而不是用在處理層出不窮、迫在眉睫但可以事先避免的問題上。

當人們在觀察或評估一個企業體時，免不了必須瞭解企業的策略，重點不在聆聽企業經營者或執行團隊滔滔不絕、天花亂墜的說明願景和策略，而在仔細的瞭解策略之下是否有詳細的規劃，規劃中又是否包含了詳細的步驟、方法、可能面臨的問題點、防治之道和解決方法等；「預防重於治療」，計畫作業其實也就是預防作業，計畫的基礎就是思考、討論、步驟和方法，因思考可以切入核心、因討論而周密，除了人的因素外，步驟和方法則可確保執行不會偏離預期，為成功踏出關鍵的第一個大步。

14 人的適當組合，決定了事情的成敗

企業的「企」這個字充分的表達「人」的重要性，如果把上半部分的「人」拿掉，就只剩「止」，表示企業的所有活動將停止。一位精明幹練的企業經營者通常具備了：積極勤奮、不畏險阻、強烈的企圖心、持續的耐力和毅力、過人的洞察力、善與人周旋、超強的說服力等過人的特質，因此可以披荊斬棘的開創一片天地，但眼前的成果絕非一人之力可達成，必然是一群人分別努力的綜合結果。經營者基本上是扮演領導的角色，他洞悉情勢，確定策略，引領著各司其職的一群人，最終的成或敗，由經營者代表獨享光環或承擔責任，其他的一群人則隱居幕後。

把許多人集合在一起，依需求特性分成組別，指定任務各司其職、各盡本

分，這樣組成的群體就是通稱的組織，它具備了各種功能，有人發號司令，有人規劃準備，另外人數較多的一批人負責執行，還有一小撮人查核事情是否按計畫執行妥當，再回報給發號司令者，每一個角色都有他獨特的功能。一個好的組織，它的組成型態和組成份子必然完全依策略的需要而定，並契合欲達成的目標。

因為策略特性的不同，自然對應的組織也不會一樣，不可能以一成不變的組織型態，期望能達成各種不同策略的目標；換言之，組織應設定為一種彈性結構，它必須有能力隨著某一時段策略目標的不同而調整，當某一個主要的策略目標達成後，執行另一個差異的策略時，之前的組織就應該適度的變化以因應新的要求。

通常企業的組織會陷入僵化與頻頻變動的兩種迷思中；有些企業經營者把以往達到成功目標時的組織型態視為永遠的組織模式，不願改變或不知如何改變，而陷入僵化的迷思，使彼一時績效卓越的團隊，此一時卻一事無成而顢頇。而有些企業經營者只要感受到某一單項的運作不順暢時，即欲以變動組織來解決問題，因此大小幅度的組織變動不斷，因為沒有整體的考量策略需求和組織間的關係，及組織體系中不同單位的前後關連與互動關係，治絲益棼，反而引發其他的問題，造成組織的不安性，作業程序難以固定及人員的熟悉度不佳，以致組織的功效打折。

企業的經營者除了在策略面必須掌舵外，他得進一步在策略目標的引領下以系統及結構性全方位的思考設計一個最適切的組織架構，並選擇適當的人放在適當的位置上。組織的變動則必須慎重全盤考量，並應給予新組織一段適當的時間，讓組織或成員重新發展出一套新的運作模式，成員逐漸適應並熟悉作業方式後，再來評斷新組織的良窳；經營者不宜朝秦暮楚，一改再改，反而使企業經常性的陷於混亂狀態，自然也不宜以萬年組織來對應瞬息萬變競爭激烈的環境。

15 事情的執行，有其一定的順序

企業經營在不同的時期，必然有其特定的策略目標，以對應現實的時空環境與經營者的需求。策略目標的主要目的，就是企圖在競爭的環境中，找到並建立其獨特的立基點，使它和別人有明顯的不同，才可能脫穎而出不被淘汰。策略目標需透過組織的執行才能達成，組織的組成份子是來自於各方並具不同背景的一群人，根據執行程序中各種功能角色的差異，被區分為各具特別功能的子組織，各司其職，最後聚集多方的努力成為整體的績效，成就了企業的策略目標。

組織的運作模式對策略目標的達成居關鍵的地位，縱使是一群優秀的團隊，如果組織的運作方式不當，仍然端不出像樣的成績，正如同餐飲界的中央廚房，相同的食材，經過不同的處理程序，卻可以得到口感完全不同的盤中佳餚；如果處理程序不固定、不明確，縱使是相同的食材，前後兩次的口味也不會一致。一群各有思想的人，其多樣性遠比無自主能力的食材複雜，如果要讓每一個獨立的個體揮發效益，就必須以詳細的作業程序來規範每一個人的行為，使任何一個人都能在設定的框架內揮發其功能。

任何一件事情的執行，都有許多方式可以選擇。差別就在某些方式有效率，可以明顯呈現效果，某些可能無效率也沒有成果，某些更可能帶來負面的效益，單獨的個人自然可任憑己意擇一為之，獨力承擔後果，其影響層面也僅侷限於個人周遭；組織則不等同於個人，影響的範圍因人數的多寡而倍增，難以任意為之，因此規範組織內所有成員的標準做法就成為必要的手段。不同的策略得安排不同的組織對應，也就必然有不同的作業模式，企業體必須在策略目標和組織確定之當時，集眾人之智，預先模擬新組織的運作模式，一方面可審視新的組織是否妥當，另一方面也藉以規範新組織內所有成員的行為模式。

我們不能把策略目標、組織變動和作業程序視為獨立的三件事，當策略目標變動帶來組織改變時，也必須同時考慮更新作業方式，以適應新的需求；大部分的企業通常習於組織層面的調整而忽略了對應作業程序的變化，因此雖然人員變更了，但做法依舊，實質上也就沒有兩樣；要不就是新組織，新的成員都以個人的思維變更所屬領域內的作業程序和方法，因缺乏整體的概念和固定的模式，許多員工無所適從，因反覆而失序或努力相抵，結果也就難以顯現。

因此若欲瞭解一個企業體的運作情形，由各種相關作業程序的標準化程度，僵化與彈性的嚴謹度和比例，已約略可知其內部控制的良窳。

16

標準化與彈性

「積沙成塔」、「滴水穿石」，扼要的呈現累積帶來的功力；一件稍具複雜的事情，處理過程中許多的小成績造就了最後的結果，如果是一群人的成就則是更多的點點滴滴積聚而成，過程時間也可能更長，為了讓許多人努力的一點一滴都能有效的累積，則事情必須在一定的框架和軌跡內有條不紊的進行，因此企業體通常會費心的把某些重要而基本的作業程序固定下來，並以圖像顯示其順序，以文字輔助說明，成為大家共同遵循的作業標準。十數年來，因為「國際標準組織」（ISO）的大力推動，標準化的制定儼然成為企業體必須具備的基本條件，否則營運和發展可能會明顯受到阻滯，企業體也因為制定了標準使效率顯著提升而受惠。

通常這些制式化的程序，成為日常作業的規範而被統稱為標準作業程序，明確的告訴組織中所有的成員，此為做事的標竿，必須確實遵守的準則。實質上組織是分子各異的複雜群體，面對的事情也千緯萬端，各種難以預料的狀況可能隨時隨地發生，通常標準作業程序僅能就主要的事務給予規範，難以完全涵蓋，如若組織中的成員完全依律行事，而不知權變，則以營利為主要目的的企業，可能陷入衙門之譏，衙門被普遍的認為是無效率的代名詞，無效率阻礙獲利，自然非企業體所樂見與願為。因此企業會在標準程序規範以外的領域，給執行者和相關主管有適時對應的裁量空間，即為標準作業程序以外彈性的部分；既為裁量則自主性的程度相對偏高，常以自由心證的方式處理，因人時、地而異。彈性的運用基本上存乎一心，它以個人的經驗和判斷能力為基礎，為了避免濫用，有些企業會將較常遇見之狀況分類，並做成原則性的指示，而成為「政策」。它可以反過來作為標準作業程序制定時的原則，也可以用來統括式的規範彈性裁量時的基本原則，使執行裁量權時有其所本，不致偏離太遠，但又保有企業體應有的效率。

許多企業的標準作業程序因管控不佳，徒具形式與虛文，則首要之務在落實標準，尚不及「政策」的層次。某些企業因環境變化快速，策略目標的期間短促，眼前標準作業程序的更新趕不上變化，此時企業就應該培養一批熟悉內部運作又深具管理概念的人員，隨時檢討調整標準作業程序，使它跟上現實面的需求，讓執行單位有所依循，而不會躊躇不前或亂了章法。縱使在競爭不是非常激烈、型態穩定的傳統產業，也應在固定的時段重新檢視行之有年的標準作業程序是否能與時俱進有改善之處，同時回顧彈性部分的「政策」是否完備。

企業經營者通常把大部分的精力與時間花費在開拓市場、爭取訂單和處理眼前發生的問題，而輕忽由「標準作業程序」和彈性部分的「政策」與「執行」層面所組成的制度，表面看來企業擁有靈活的前端，但常被臃腫的身段拖累，應以為鑑。

17 有所本的分工，才能見合作之效

動物界的社群模式，因為型態單純，事理反而清晰，容易體會領悟其社群結構組織的道理，可為企業體在建構組織時的參考。其中群體活動與組織特別明顯也經常可見並耳熟能詳的兩種昆蟲，首推螞蟻與蜜蜂，其組織型態極為清晰、明確，以其微小的身軀卻能克服各種險阻，並造就難以置信的成就，綿延不絕。在他們的社群中，有極少數專司生殖的領導者，能凝聚數以萬計的追隨者，有一大群專司勞役辛勤工作的執行者，另外有一群專責護衛群體的守護者，保家衛國開疆闢土，分工清晰各司其職，井井有條。由結果來推論，這樣的分工型態和組織結構，竟能讓這一群不起眼的小東西克服險阻的環境而長存。令人讚嘆也必有其可取之處。

企業的行為其實和上述的螞蟻和蜜蜂沒有兩樣，它也是一群人的組合，也一樣為了生存、擴展版圖和永續存在而努力，差別僅在人類的思考和行為模式較昆蟲複雜的多，分工自然精細，但目的與基本精神是一致的。換言之這一群人應被適當的分工知其所以各盡本分，但如何分工又能產生合作的成果，就困擾了所有的企業經營者，其實並不如想像中的困難。企業經營者通常採行最簡單的方式，就是套用成功企業的組織運作模式，但成功的機率往往不高，原因在於企業的文化特質和所處的時空環境不同，分工型態自然相異，難以全盤複製；有些經營者又喜好任憑己意東拼西湊的添加與修改，欠缺審慎的全盤考量和評估組織本身對新運作模式的適用與接受度，貿然實施的結果成效自然不彰。

最佳的分工模式應該由該企業商業行為的工作程序著手，因為事情是由連續式的工作程序完成，而成果是完成事情所獲致的正面回饋，人只是工作程序中的執行媒介，工作程序中每一樣事務的執行，有其人員必備的特殊條件屬性，如同時概估其工作負荷量，類似屬性的工作就可以在工作程序中被依一定的段落切分，其對應的分工組織自然能顯現雛形。組織最終的目的在事情能按既定順序進行並得其成果，因此以工作程序為基礎切分的組織，責任將非常明確，而且有必然的前後次序的關連性，合作的意涵亦蘊含其中。

主架構的分工與合作組織確定後，直線的作業步調基本上已在經營者的掌控之中，此時可以進一步的思考在直線體系中尚未切分的幕僚單位的組成，幕僚單位比較具橫向全方位的屬性，因此可以由全方位的角度在橫向部分以區塊的方式界定分際。

由作業程序著手的組織分工模式，有其必要的要求，就是程序和組織的運作不能有倒退的行為，也就是說必須建立在本身工作完全被執行後，才能移轉至下一接手者的基礎上，如此績效的歸屬必然明確清晰，沒有爭辯、模糊之處；如果企業組織的分工合作模式不是建立在以上的基礎上，或組織在變動時未做如是的考慮，則作業之混亂在所難免，當組織龐大時越見其害。

18

權責不分，績效難現

一件事情如果是由一個人從頭做到尾，不牽涉到任何其他的人，那麼這件事情的責任歸屬，基本上非常的清晰、毫無疑義。

公司與組織是許多人的組成，一件看來簡單的事情，因為同時處理量的增多、時間的緊迫和不同領域專精分工的特性，會被切分為許許多多的子段落，有些段落的工作是併行的，最後會匯集到主架構上，在主架構的段落和段落間，必然有前後的順序與連貫性，才能使事情依序進行至完成為止。

完成又有許多的類別，有些行業交貨或一時的服務結束即算完成，有些包括了後續的售後服務，有些則一直延續到產品或服務的生命週期結束才算完成。完成的時限越長或組織越龐大，或事情的複雜度越高，則事情的切分就越細緻，權責也應該越明確，但事實卻非如此。通常是由程序中某個較大段落最末端的單位，承受前面所累積問題的所有責任，按理說他也應具備處理這些問題或事情的所有權力，如此才能權責相當。

經常見到的狀態是程序段落越多，權責反而越不明確清晰；組織分工越細或體態越龐大，效率反而降低。分工的主要目的是希望把事情細化到一個比較窄的範圍，好讓範圍內處理事情的人，可以專注的把事情做好，並且因為重複而提高熟練度，也提昇效率，但往往因為前一個程序段落遺留下來的問題，干擾了後一個程序段落的執行效率，並且逐步累積也漸次侵蝕了分工所帶來的效益，為什麼會如此呢？因為公司在設定組織分工時，雖然切分了段落，也指定了對應的人，但卻沒有明確的陳述在各種可能發生的狀況下，任事者應具備的權力和應負的責任，因此組織內的人自由心證各憑己意的面對與處理問題和事情，他們不知道在什麼條件和標準下，可以拒絕接受上一手交付的事情，所以各種狀況層出不窮，因人、因時、因地而異，並且重複發生，效率和績效自然難如人意，裁決者如果未能洞悉事理，則可能治絲益棼。

事情處理的程序分段落並不困難，但欲分明權責則不易；任何一個規劃組織的決策主管，他必須深入組織的運作模式中，完全瞭解各個程序段落中可能發生的問題和問題之根源，然後再詳細而明確的規範各程序段落及對應組織的權利與責任，務必以文字扼要的解說加上不間斷的訓練，使組織內的每一個成員都清楚的知道並銘記於心。

如果企業達不到如此細膩的要求，則業務的擴增、組織的龐大，只是曇花一現的假象，難以持久。

19

激發前進的原始動力
——公平與等值的報酬

一隻驢子會因為吊在竹竿前即將吃到的紅蘿蔔而不斷的往前進，那個即將入口的美味：紅蘿蔔就是驅使驢子往前進的動力。人類的需求看似複雜多樣，其中部分的需求甚至可以高尚情操來形容它。但終究絕大多數的人還是以物質的需求為基礎，甚而以它為生活或生命的核心，並窮其一生來追求物質的最大化，差別只在財富累積之多寡；個人的社會地位、發言的影響力和受到群眾廣泛的注目程度與尊重等，幾乎完全建立在財富的基礎上；某些特殊的成就，隨之而來的也是源源不斷的財富，交互激盪另創高峰，因此最終仍然可以財富的總量作為成就計量的單位。云云眾生，柴、米、油、鹽、醬、醋、茶開門七件事仍是日常生活與一輩子最受關注的事項。

企業是一個營利事業團體，開宗明義清晰的點出投資者與經營者的目的，投資者投入資金，經營者投入心力，並且僱用了一大群人就是要創造累積財富和隨財富而來的權力和名聲，其他琅琅上口的社會責任和冠冕堂皇的說詞可以視之為塑造形象的包裝手法，用來避免過多財富而招眾人之忌；除此之外企業體內三種角色的實質差異，就只在財富分配的比例不同和財富分配的主導權歸屬而已。

既然企業組織體系內所有的人都有共同的目標，這一大群受僱的員工應該因為他們辛勤的付出與獲得的成果得到適量等值的回報，並且理直氣壯的集體為自己的權益大聲而正面的爭取。回報必須和成果有正比的關係存在，也就是說，不論你付出多少，成果越豐碩，回報也應越多；成果不佳，回報自然減少，如果不成正比或沒有變化，當然會引起不滿或提不起熱情，結果是不利於工作者、經營者和投資者，企業也就沒有發展的願景。

成果的評量標準則是績效，績效必須是可被度量的，而且還必須建立在完全公開的環境下，眾人皆認可公平評價的基礎上，同時參與分配的人也應認知其付出的努力和對應的報酬是相當的，才能激發每一位員工發自內心的熱情，克盡本分把事情做好；大部分的企業經營者，埋首於開拓業務領域、解決層出不窮的問題、關注於個人績效的表現和戮力於爭取投資者的支持，但刻意的疏於對廣大為其用的員工投予實質獲得層面的關注，把員工們固定的薪資當作是難以承受之重的成本負擔，對實質工作績效和給付薪水間的關連性沒有清晰的剖析和明確的瞭解，不知道充分利用績效、報酬和激發熱情之間的關係，或昧於私心，對報酬的分配與處理方式不公平，分配給員工之整體比例偏頗，以致佔人數最多的員工，報酬被過度的稀釋，反而採用執行不易效果最差的嚴密式管理，拉長工作時間來彌補人員因缺乏自發性的驅動力而造成的低效率，捨本而逐末，屢見不鮮，也把企業的經營導入艱苦的泥沼中。

20 爽到你，苦到我

世事無常，人世無常，企業的經營同樣的無常。優秀的經營者懂得利用各種預防與控制的方法，盡量將無常變化的幅度，控制在較小可以承受的範圍內，或者未雨綢繆事先培養健全的體質和建立反應機制，縮短變化和反應的時間，減少發生變化的次數。

談及變化，多屬負向；企業體內參與營運的所有員工，基本上或多或少都能感覺的到這類負向的變化，例如：明顯的業績衰退、獲利減少、不再忙碌等，企業體應對的方式也普遍性的可以找到共通的規則，約略是從減少開支打頭陣，有從一般花費的緊縮到投資金額的減少，進一步到企業規模與人員的整併和裁減。這些做法都可以帶來立竿見影之效，因此企業經理人樂於仿效優先施為，員工則直接承受因緊縮而減少的收入、福利和苦楚，並無可拒絕的承受因大量裁員所增加的工作負荷量，基本上絕大部分留下來的員工心中雖感遺憾，但此時都能接受經營團隊所提出共體時艱的做法，且認同忍一時之痛為長遠計畫之策；同一時間投資者和經營者相對於員工，因股利的遞延、累積及零存整付的特性和收入的較大化，應該還沒有直接感受到切膚之痛。

出貨暢旺，工作量明顯增加，和客戶與供應商的往來越發頻繁，會議也不斷，員工人數可能持續添增，營業額節節升高，員工大概知道企業體有了正向的變化，並臆測獲利可能增加，此時心中自然開始有所企盼，希望報酬能水漲船高，一方面彌補工作量的增加與工時的拉長，也希望藉此能適度的提升生活品質，甚至希望增多的薪酬能彌補短收時期的不足而有餘，這樣的期望正是激發員工熱情，維繫努力工作的熱度於不墜的動力來源。

大部分企業權力結構的設計，所得的分配權力完全集中在投資者和經營者手中，決策者對所得的分配則自有盤算，他們會想利用這段時期的豐厚盈餘，部分用來打消之前累積的損失，諸如：呆帳、呆滯庫存、不良投資的損失等，或部分用在加速投資，成立新的事業體，使獲利轉為資產，並和員工相同的心理，部分用來彌補虧損期間投資者與經營者獲利之不足。當然有充分的理由得留下一部份，作為未來擴大投資之準備或未來可能虧損時期的預備金，盈餘的分配在一大堆的考量與七折八扣後，留下來可以分配給員工的比例或總額似乎就遠不如員工原來想像中那麼豐厚了。

心理層面上，員工會認為艱困時期，他們幾乎完全成受苦果且直接，有些員工甚至因此失去工作的機會，但收成的時候，七折八扣的結果，實質的報酬在心理層面上卻有相當的落差，落差澆熄了熱情，努力工作的動力也打了折扣。

企業經營者通常刻意忽略它，因而使企業前進的動力受阻，其實經營者可以有另一種思維，就是分配給員工的比他們想像中的還多，超乎想像的獲得，回報給企業的必然也是超乎想像倍數的付出，與完全自發性把工作做好的關注，何愁利潤不隨之擴大，與其和員工錙銖必較，何不以超額的「利」激發員工的潛力自發性的把餅做大，何者為智，經營者自知。

21

Show me the money!

企業家夢想的實現，除了企業家的特質、機運、資金外，最關鍵的因素離不開「人」，無論在任何環境或狀態下，企業體都需要僱用一群人執行各式功能的工作，這些人的努力和績效幾乎完全決定了企業的成敗與興衰；一個有夢想而精明的企業經營者，如果能深切的領悟此點，就會把對「人」的關注和維護置於首位，人對了，事情也就對了。

選擇適當的人放在適當的位置上，無庸置疑是處理人的首要步驟，再來就是如何讓他們安其所位，發揮原先設定期望的功能、目標，甚至有超越期望的卓越表現和功績，最常用的方法就是「激勵」，激勵最終的量化指標脫離不了物質的「報酬」，報酬的多寡可以用來衡量相對的績效、受重視的程度，甚至於成就。

企業的經營者通常具備了「逐夢踏實」的特質，為了使夢想或野心得以實現，骨子裡頭就會顯現出「權謀」的特性，因為他必須畫出一個大餅，以舌燦蓮花說服一群人為其所用，以虛擬的報酬驅使他們賣命，藉以讓夢想成真，並為他累積鉅額的財富；虛擬的報酬通常會以口頭承諾的方式呈現，「權謀」外裹著以夢想、野心和報酬的糖衣，讓追隨者很容易下嚥，甜在嘴裡，期望在心裡；而實際上企業經營者在許下口頭承諾之初，可能就沒有打算兌現承諾。但是口頭的闡述、重複的說明，和不時的宣誓決心，基本上足以打動組織內所有員工的心緒。企業經營者深諳此道，因此也不會以非常明確的文字或辦法來規範它，事先即避免未來落入自己設定的陷阱中。大部分的員工平時就被教育「誠信」是絕對必須遵守的信念，加上經營者如傳教士般的信誓旦旦，自然深信不疑。

權謀因為企業經營者未信守口頭承諾而被戳破，同時也失去了員工對經營者的信賴，所以我們很容易觀察的到許多的企業每年雖大張旗鼓的提出願景，煞有其事的宣誓，卻常常陷入實際和期望不符的窘境，主因並不全然在期望或願景的不切實際，反而是因經營者失信於員工，使他們的熱情與自發性達到目標的堅持與努力消褪，回報以虛應故事，沒把目標、期望或願景當回事，事情仍按慣例進行，難以期待傑出的績效表現或突破性的進展。

觀察企業的良窳，員工對經營者誠信的認知度是一個相當關鍵的指標，如果失信已深植人心，除非該行業的景氣大好，否則任何有形的努力和管控，都很難在人心盡失的前提下，交出漂亮的成績單。

22

費心教導，反而省事；忽略免疫功能，問題惡化

一個人可以隨心所欲的憑個人的好惡或當時的心情，用各種不同的方式處理任何一件事情，只要他所使用的方式不會引起他人的不快或違背社會道德規範、善良風俗等，則不會受到任何的指責。

企業體是一群人的組合，在企業體內處理任何一件事務，幾乎都會牽扯到其他的人，不論是按事情處理順序的前與後之間，同時也經常波及到左與右，因此企業都設定有標準作業程序，規範執行過程中應遵守的順序與標準，並在各個功能性組織中安插了主管的角色，希望透過經驗老到的主管，教導組織中成員正確的作業方法，且負起監督的功能，主管的角色因為層級的不同，擔負的項目也就越多而深邃。按理說因為特定目標而設定的企業組織，以事情順利

的處理為前提，基本上它的作業程序、方法和規範是非常清晰明確的，可是企業運作的混亂和無效率卻是普通存在的現象，而且不論規模大小均可能發生，原因何在？

排除程序設計的不良和人選的不恰當，幾乎所有問題的原因可歸之於：主管沒有對其所屬的同仁盡到教導的責任，以及企業本身沒有對重要的人與事盡到稽核的功能。

一位新進的員工或調任新職務的舊員工，通常在接受為期甚短簡單的新進員工訓練或新工作內容說明後，在人力短缺急需填補的壓力下，即快速的進入工作領域執行例行性工作，在一知半解與半生不熟的情況下，寄望其由實際工作中逐漸習得方法與領悟竅門，美其名稱為「做中學」。在「做中學」的過程中原本主管應積極扮演工作教導的角色，但繁忙通常是主管的寫照，接二連三永無休止的緊急問題與實發事件處理佔據了主管所有的時間，而且每一件在主管心中的排序都比工作教導重要，因此有步驟的教導部屬，似乎成為口號而不可得。部屬因為不熟練與錯誤的作業方式，又引發各種問題，必須由主管出面補救善後，因而陷入惡性循環的漩渦。

企業的另外一個迷失是認為所有的員工基本上會克盡本分把事情做好，功能部門的主管也會盡到把關的責任，不會讓不成熟或未盡完善的事情流出部門移轉給其他人，事實卻非如此，因為一堆的理由，常事與願違，事實與理想之間，永遠存在著難以跨越的鴻溝。因此基本的企業組織體系，必須設立獨立超然的稽核制度，它主要的目的，就是確保各類程序完全按照原先設定的步驟進行，既符合要求標準也沒有任何遺漏，藉以彌補實際與理想間的缺口。

但很多的企業卻認為稽核是不事生產的單位，不是故意忽略就是聊備一格或執行一些於事無補、無關宏旨的雜瑣事務，以致於部門主管或經營主管原先應具備的控制功能，終究因為時間因素或細緻度與持續性不足，未能發揮功效。

一個好的稽核體制，好比企業的免疫機制，具備良好的自清功能一般，它能隨時察覺企業的問題並反應給企業經營者，即時的啟動免疫的機制，使企業的機能經適度校正趨向正常，避免累積及惡化，此機能不可或缺不可偏廢。

23

鞠躬盡瘁，累死你算了！

由一個簡單的活動可以測知「信賴」的困難度有多高。兩個人排成縱向的一列，你站在前面，直挺挺的向後躺下，如果身後的人伸手扶住向後躺下的你，則安然無恙；如果他沒有扶你一把，你必然直接倒在堅硬的地上，頭破血流；在決定是否往後倒下的剎那間，完全取決於你對身後扶你一把的那個人的信賴度，如果沒有十足的把握，你是絕對不會做這種危險動作的。

信賴度的建立絕非易事，因為你很難測知被信賴者心裡面究竟在想什麼，有可能他因為你的某些行為或無心之過而心存怨懟，但你卻全然不知，他也非常有可能藉機讓你飽嚐痛苦。在上述的活動中，如果你可以選擇，在信賴度不足的情況下，必然不會直挺挺的向後躺下，而會找一個比較安全保險的方式。

企業內大大小小的事情必須依賴許多的人才能快速的在指定的時間內完成；因此無可避免的必須把工作切分成許多小的段落，由不同的人來擔綱；對某些已具備相當能力並有經驗的主管而言，執行所屬範疇內任何的工作，基本上都不是難事，且可能達到既快又好的境地，對事情也有自己認定的一套高標準，因此經常會不滿意部屬的表現，衝動的想要自己接手完成，也常常自豪於自己的能力超群。

組織的分工有一定的原則，對每個不同職位也均有定最低的標準，我們不應該期望每一個人的產出水準相當，因為超出設定標準過高的表現，並不一定對企業帶來實質的效益，通常它只是顯現個人的能力超群，有可能因為耗時過長或內容過於豐富、延伸而增加處理成本，帶來負面的效益。因此聰明的主管會以對最終結果是否有影響的角度來訂定事情可接受的標準，而不是以個人的能力或喜好為標準來要求部屬，也就是說事情只要達到設定可接受的標準，就可以充分的授權部屬獨立的去決定與完成；當部屬得到許多歷練的機會，如果再加上主管精於教導與鼓勵，一段時間後，能力逐漸養成，自信心隨之增強，自然可以分擔主管的部分工作負荷，此時主管可以投注更多的心力在更關鍵的事務上，並向上一層主管學習他們的做事方式，擴展自己的能力領域。

企業界的各階主管普遍的現象就是忙碌，如果排除能力的因素，大部分的根由是自己造成的；因為對部屬的不信賴，因此經常越俎代庖的做了一些部屬應做的事，把自己職務的角色做低做小了，或者重複的做部屬已經做過相同的事，而不知如何授權讓部屬自我做主負責，和向上承擔一些主管的工作，給他們更多的學習與成長機會，反而使自己陷入各類低階工作的糾纏中而無法自拔，也可能因此失去向上學習與發展的機會。

長時間的工作與勞累，不僅犧牲了正常的生活品質，更可能積勞成疾，縮短了在職場貢獻能力的機會和時間，殊為可惜；對一個有能力的主管而言，適度的授權與開放寬闊的胸襟，才是管理者應有的認知。

24

我說了算

職場的主管追求權力，就如同女人追求美麗一般永無止歇。

有人把權力比喻成春藥，它讓人無來由的亢奮並不時期待能享受到施展權力後的快感與滿足；看到一群部屬不論年齡、性別、資歷、能力，在權力的跟前，都得卑躬屈膝，以近乎祈求的態度殷殷期盼獲得許可或認定，並顯露出獲得同意後的感謝之情，雖然有大部分並非出自真心真意，但是對權力的擁有者而言，打從心裡會認為是因為個人恩惠的施捨而使受者誠心的感恩，因而產生自我滿足式的催眠，所以權力的擁有者很少有人願意把已經到手的權力下放給他人，因為他清楚的知道，當權力消失時，別人對他的尊敬與阿諛奉承也隨之而逝；失去權力後的淒涼與孤寂，對曾經擁有權力的人而言，任誰都難以坦然接受。

但是企業畢竟是一個講究效率並要求獲利的組織，如果集中的權力可以使企業的組織非常有效率，並達成高度的獲利目標，相信這種模式難有非議。然而事實上現代的企業因為組織龐大，作業複雜度高，集中於極少數人的權力模式難以滿足效率與環境的要求，如果大小事情都等待某位高階主管說了才算的模式，確定是會讓許多事情的進展緩慢且缺乏作業彈性。

近代的企業講究的是競爭力，和其他企業體比較談的是差異與獨特性，不論是競爭力、差異或獨特性，其間有一個共通的基礎就是不可或缺的效率。它們是以效率為出發點而衍生出來的項目，沒有一個企業會在無效率的情況下，仍保有競爭力、差異或獨特性。甚至經營非法的生意，彼此間仍非常講究「速度與彈性」，否則同樣難在激烈競爭環境中存活。

大部分的企業是由小逐漸演變成大型化，企業的創始人就是這個企業的靈魂人物，他早已習慣性的綜觀全局，並針對大小事務發號司令，縱使組織體系越來越大且功能健全，仍然脫離不了這種習性，加上權力的春藥作用，上癮之後很難戒掉，員工都知道任何事情只有一個人可拍板定案，其他任何人的看法僅止於規劃與建議；因此組織的活動力隨著體態的大型化越來越遲緩，企業的成長也受到限制。在一個人說了算的企業，冀望未來有大的發展前景，改變權力運作的型態，應該是最關鍵的因素。

對一聘任的專業經理人的企業而言，上述的狀況較不易發生，因為所有的專業經理人都和企業的所有權無關，在心理層面上首先破除了歸屬權力認知的障礙，再加上企業擁有者也不願看到權力獨攬的情形，以免稍一不慎，擁有權在一夕間無預警情況下變天；因此在制度的設計上，通常都有制衡機制，使權力被適度的切割規範在一定的範疇內，或者加入共同決策的模式，以免變形的獨裁模式形成而失去控制。

在一個人說了算的企業，最後能夠留下來的員工，大部分屬於安於現狀、較無明顯特質、欠缺創新與開創力的一群，企業當然不可能靠他們開創新局，企業經營者在固守權力或習於權力集中運作的模式時，亦宜深思權力的下放應至何種程度為當；到底自己是企業成長的推動者，還是絆腳石？

25

過度管理，扼殺了效能

一枝筷子稍微用勁就能折斷，但是一把筷子，用再大的勁道，也難以僅憑個人的力量動其分毫。在學習與成長的初期，大部分的人都從淺顯的小故事或事例中，被有系統地教導團結的重要，相信也因此牢記在心。兒時的記憶和學習得知的道理，終身難忘。

雖然成人的社會結構複雜，不是每件事情都可以用簡單淺顯的例子類比，但在民族情感上，用它來比擬凝聚民族的向心力，似乎仍然非常傳神。

企業的組織和民族多樣化的組成之間有類似之處，經營者總是處心積慮的希望，這些來自四面八方各領域的員工有十足的向心力，像一把筷子般的堅韌有力，產生巨大的能量。如果企業的組成份子有血緣因素，訴求土親人親的情感，凝聚力自然容易被召喚出來，犧牲奉獻不在話下。但畢竟企業的組成不必然有這一層因素，但是經營者又必須建立員工與企業之間這種「血濃於水」的情感，很明顯可以運用的就是「利」，以「利」來凝聚向心力產生力量，這樣的凝聚力相對鬆散且較難持續，當「利」不能滿足需求時，凝聚力自然就逐漸消褪；「利」的獲得得力於組織的效能，效能提升利隨之而至，因此「利」、「凝聚力」、「效能」三者間產生連動的關係，失掉一個就可能丟掉全部。

企業有一個法寶，可以使「利」、「凝聚力」、「效能」間產生正向的連動關係，那就是已經風行數十年的「管理方法」。管理方法有許多種，譬如：設定標準作業程序是方法中的一種，激勵、訓練把人留住也是其中之一，紀律嚴明更是一種表徵，任何一種管理方法或混合式使用都有其效果，也有其侷限性，經營者總是不斷的嘗試，更換組合的內容和調整強度，並從中得到寶貴的經驗。管理方法適度的使用，組織的效能因而提升，即等同於「利」，因此經營者樂此不疲。為了獲取更大利益的驅策之下，經營者會逐漸陷入「過度管理」的陷阱中，也就是說為了使事情做的更快更好減少差池，制度規章越訂越嚴密，同時不斷的加入一些其他的元素，譬如：共同參與、建立共識、相互支援、反覆叮嚀、交叉稽核等等。這些立意良善的做法，原先只不過是針對某些能力尚未養成或行為略有偏差的員工與組織，給予某種程度的協助，但往往在一段時日後，成為普遍性做法而習以為常。因為這些元素不斷的新增、加入、定型，拉長了工作時間，增加作業步驟也增加了許多非必要參與的人，反而大幅降低了正常的作業效率。

過與不及，其實都是問題所在。一個沒有固定運作程序與標準的企業，基本上不足以支撐其成長的力道，也容易被淘汰；但是一個過度管理的企業，也會因為作業程序過於複雜或重複牽制制度的設計，使企業逐漸喪失效能，退出競爭的行列。企業管理的任何行為，最終還是要回歸到提升效能的層面。企業經營者實質上是經常不斷的在學習拿捏的能力，增加的管理行為如果不能替企業帶來正面實質的效益，就應該勇敢的拋棄它，並應為管理者念茲在茲，經常性冷靜思考的事項之一；如果問題的根源不明確，則難以對症下藥，臨時救急的措施，不能習以為常成為管理制度；其他企業成功的管理方法，因為時空背景的差異，不能隨意套用。

26

適度更甚於完美

國父孫中山先生臧否時事的論述——差不多先生，點出清末民初中國國力積弱不振的主要原因之一。當時社會普遍存在的心態，使得偏安於東方一隅的中國，碰到以科技為基礎講究實事求是的歐美列強，立刻暴露出致命的缺點；差不多先生雖然是導致中國國力不振眾多缺點中的一項，但是因為淺顯易懂，似乎得到絕大部分民眾的共鳴而深植人心，促使有識之士挺身而出力謀改善。

百年來因為東西文化的密切交流和有心人士的特意鼓吹，差不多先生的心態已經逐漸從大部分人的心中消失，取而代之的反而是另一種極端型態的思維，盤據在許多知識份子的心中，那就是「完美主義」。完美主義的形成或許可追溯至科技對事實真相追尋的方法與要求標準，科學講究的是求真求實，某些運用科技的領域甚至不允許有任何出錯的機會。這樣的概念逐漸的被延伸用到一般事務處理的層面，當它用在攸關生命與大眾安全的範疇，無庸置疑而且絕對必要；但是如果在其他領域，也用類似標準，似乎就有斟酌之處。

事情是否完美，必有其比較判斷的標準。判斷標準大部分源之於個人社會化過程中經驗的累積和認知，因此標準也因人而異。所以相同的事情，雖然環境沒變，事情處理的程序也相同，但結果可能產生差異。一件被公認登峰之作的藝術品，藝術家在創作時，經常不認為它就是沒有瑕疵的完美之作，鑑賞家自然更可以從中挑出未臻成熟的缺陷，但這些都無損於其價值，有些時候缺陷反而成為鑑定藝術品真偽最明顯的考證依據；藝術家也常因為要克服這些缺陷而創作出更佳的作品，它反而成為藝術家成長突破現狀的動力來源。

企業的運作亦如是，有相當經驗的人對事情的看法和要求標準，必然迥異於剛踏入該行業的新鮮人。在企業組織的結構中，其實大部分的實務作業是由基層人員擔綱，也就是說事情好壞的認定標準，應以執行者的條件、角度和事實的需要來訂定，而不是完全取決於決策者的認知和他所具備條件下對應的標準。換言之，應該捨棄完美的要求標準，以更務實可以達成的角度為思考的切入點，當執行者被要求達到他們不易達到的標準時，通常因此耗費過多的時間和人力，甚且不可得；時間與人力是企業僅次於資金最寶貴的資源，如果耗費資源卻得不到對應的產出，就是資源的浪費，只是它經常以其他形式隱藏於成本分攤中而不明顯，經營者看不到，也就不以為意。

企業經營者應在自己認知的高標準與實際執行者普通的標準間，找到一個適度、可行、可接受的認定水準，讓它在稍微努力與用心的狀態下，比較容易的被達成，並用心的判斷因此可帶來的實質效益，此時多投入的資源，就變得有意義。一百分的完美演出是追求的理想與遠期的目標，但是考量現實與有限資源下最大的產出卻是考驗經營者的智慧。

27

突發奇想，即刻就要，忙翻一缸子員工

一個月後，要出國旅遊，如果你從現在開始規劃行程，從找尋適當的旅行地點著手，瞭解景點的特色，所在地國家的風俗民情，再深入選擇時間許可範圍內的行程，評估經濟能力和規範內的食宿與交通工具，再找市面上提供相似類型行程的旅行社，和他們商量或評估他們提供的套裝行程或特有的服務，最後決定了所有的細節，就可以依旅行社或網路上旅遊專家的建議打包行囊，準時出遊。如果你事先有規劃，有充分的前置時間完成各項準備事項，旅遊確實是一件令人心曠神怡愉悅而期待的事。

如果你突然起意時間緊迫，景況就完全不一樣了。剛才說的事情必須濃縮在二到三天內搞定；你可能難以在出發前充分的瞭解景點的特色，搞不清楚

什麼旅遊行程符合自己的需要，找不到適當的旅行社，食、宿、交通和花費都不合己意，匆忙打包卻可能遺漏了記錄旅遊過程最重要的相機，或者忘了攜帶可能救命的急救藥物，或把相機電池的充電器放在家裡，所有的事情都不太對勁，有可能把一段令人期待美好的旅遊弄得神經兮兮或搞砸了。

企業的運作程序其實和安排一趟旅遊在邏輯上沒有多大的差異，只是它的程序更細緻，更多的人在同一時間處理更多的事務。假設每一個環節都能按部就班的作業，通常這個企業就會有中等以上的表現水準。觀察一個企業，其人均產值和獲利水準都列於同類型公司的前段班，事情有條不紊的進行，所有的主管及工作人員又不會過於忙碌，基本上是一家優質的企業。

但往往看到是下列的景象，人均產值和獲利普通，所有的主管和工作人員都異常的忙碌，永遠有開不完的會做不完的工作，人手也總是不足，在可以探究的諸多原因當中，有絕大的一部份可歸之於主要經營者的特性使然。他如不精於規劃，不知道有步驟的執行或推展一件事情，則他們必然都同時具備另一特質，就是經常有「神來之筆」。

當「神來之筆」產生的時候，即驅使部屬立即提供資料、分析並提出方案，一方面因「神來之筆」突發奇想的需求先天上欠缺前後貫連的邏輯合理性，主要經營者通常也很難清楚明確的指出他想要的東西和鋪陳的方式，約略只是一種概念性的陳述，但因為主要經營者經常把時效的重要性掛在嘴邊，受命的部屬只能盡量的揣摩上意，立刻拋棄手邊的工作，並動員所有可用的資源，在最短的時間內完成交派的任務。又因為主要經營者語意不清、交代不明，出來的東西難以符合上意，重複往返修正成為必要的程序。一般而言神來之筆的熱度通常較不具持續性，當其他的立即性需求又接踵而至的情形下，「神來之筆」最後也常常在重複往返修正中不了了之，被時間慢性冷卻。

可憐的部屬，就經常在經營主管們突如其來的要求下，從事一些不甚有意義的工作，必須利用其他時間彌補正常應做而未做的事情，因此工作的忙碌可以想見。忙碌如果可以帶來實質的效益，尚且值得並為大家所樂為；如果忙碌成為虛功，則白白虛度光陰。

其實經營層的主管們可以靜下心來回想一下，自己在一段時間內臨時提出並認為緊急的命令與要求，最後有多少比例的「神來之筆」帶來實質的成果與效益？真的是「神來之筆」？自己是不是反而成為部屬窮於應付與工作忙碌的罪魁禍首？浪費了企業寶貴的資源，也耗費了自己寶貴的光陰。

28

全部都搶，卻掉滿地

有些節目中的活動發人省思。在一個電視競賽的活動中，優勝者獲得一個千載難逢的機會，可以在設定有限的短時間內，允許他在賣場內任意搬走各種物品，不論物品的價值或數量，只要是在規定時間內搬走的，立刻為他所有。

如果他希望獲得的總金額最高，自然必須事先稍做規劃，瞭解賣場內想要搬走物品的價值、位置、搬運路線和判斷重量與體積大小是否容易獨立搬動它，才能規劃出搬運的方式，以求總金額的最大化；如果他不在乎總金額的最大化，而在意物品的實用度，同樣的也得事先選擇要搬的物品，瞭解所在位置，判斷體積大小和規劃搬運路線；如果你都沒有準備，但卻希望搬運量的最大化，那麼他唯一的做法就是看到什麼拿什麼，而且盡量讓每一次搬運中捧或拿在手上的物品最多，也因此最容易在搬運途中掉的滿地都是。

總而言之，有想法也有規劃的兩組人，大概都能在短時間內滿足他們的預期需求；而籠統的希望所得最大化但沒有相應計畫的，通常是搬了一些沒有多少實際用處與價值的物品，可能看起來體積或數量龐大，但是總價值不高，實用性也缺乏，同時在搬運過程中，難以從容為之，因為物品沿途掉落滿地，慌忙撿拾中顯得狼狽。

企業的經營也有相似的情形，經營者身負重責大任，希望和其他人在相同被制約的環境下，讓企業的所得最大化超越同業的成果；他一樣有時間的壓力，必須在設定時間內搶得先機，但是因為經營者運用的方法不同，結果也相異。有人從容不迫，卻成績斐然；有人依計畫行事，也能在條件的限制下，滿足他個人實際的需求；另有人則可能忙忙碌碌，什麼都想要，可是一路丟掉了一些他曾經擁有的，最後卻所得有限，甚至可能得不償失。

企業基本上是一個動態成長的複合體，在成長的過程中，因為新元素的不斷加入和某些舊元素的陸續流失，縱使初期是一個不錯的組合體，充滿活力、有效率而且表現優越，但是因為新舊元素的交替，使組織產生質變，換言之，不同時期有不同的風貌和問題；企業經營者在亟欲解決問題時，他可以借鏡前述大賣場搬物品競賽的模式，首先明白的確認這個時候企業到底需要什麼，然後在一堆的需要中挑出這個時候他最想要的部分，再思考規劃做到這些事情的步驟和方法。這時就可以從容不迫按部就班的進行，結果自然符合他當初的期望。如果什麼都想要，所有的問題都希望同步解決，又欠缺詳細的規劃和實行的步驟和方法，則忙忙碌碌、一無所獲自為必然。

事實上一個運作多年的企業，總結而言，攸關營運與成長的重大問題，不會超過十項，如果經營者克服毛躁的心理，平心靜氣，通常在一到兩年內，問題都可以從根本被解決，平均每年也就是針對三到四項的重大需求全力以赴。大部分困擾經營者的各類問題，都可以找到發生的源頭；源頭澄清，其衍生之眾多煩人的子問題自然隨之消失，這也就是為什麼有些企業可以有條不紊的運作，成長亦不落於人後的根源。

29

涓滴節流，卻任憑破洞狂漏不止

傳統市場，可以看到小販們聲嘶力竭的吆喝著，大小聲此起彼落，過往的菜籃族被高亢的叫賣聲吸引，駐足挑選，嘴裡不停的嘟囔著，是不是能少個五塊十塊，買賣雙方經過一番簡單的拉鋸，很快的達成交易，在熟練的裝貨、給貨、付錢、找錢後，菜籃族滿意的拿了東西離開，嘴角帶了一抹笑意，因為剛才的一陣討價還價，便宜了幾塊錢，心裡感覺舒坦了許多，在這物價飛漲，但薪水停滯的時代，能省下一分錢就代表多賺了一分錢。

這樣的場景在超商和大賣場逐漸興起後，已較少見，因為他們的銷量大而穩定，價格透明更具競爭力，而且童叟無欺，因此吸引了大多數的菜籃族轉向至超商和大賣場購買民生用品，環境整潔、陳列的用品琳瑯滿目是其優勢，但真正的著眼點仍然是省錢。

轉到另一個購屋的銷售現場，也是一陣陣的吆喝聲夾雜著音樂，房屋代銷公司總是能營造出物超所值、所剩無幾的氣氛，有那麼一點購屋意願的人，看到現場熱烈的搶購潮，很容易就被現場的氣氛感染，而衝動地下訂，就怕其他人捷足先登、錯失良機，此時理性也悄悄的退居角落，相對的議價空間被有效的壓縮，似乎少了些在傳統市場論價的熟練與瀟灑。

兩種消費行為有天壤之別，對微小金額經常性的支出，近乎錙銖必較；對可能是大多數人此輩子單次最大消費金額的屋價，卻顯然缺乏充分的經驗與概念，不知應如何談價錢爭取利己的最大權益。一輩子無數次買菜省下的錢，在購屋時因而全數吐出尚且不足，它顯露出一個極為普遍的現象：對熟知的小事非常在意，對大事卻放任疏忽近乎無知。

企業的經營因為環境的變遷，總是在興衰起伏中擺盪。當擺盪到低點時，經營者的心思自然的移轉到周遭觸手可及沒有多少大道理的小事情上，東尋西覓的希望在日常各項事務上節省開支，因此各種緊縮做法一個個出籠，經營者也不自覺的花費絕大部分的心力，苦口婆心的宣導，追蹤實施的效果，並經常以身作則，員工自然仿而效之，在極短時間內當然可以得到金額不大但數字明顯且內心滿足的效益。企業經營者可能不知，很少有企業因為針對瑣碎事務的用心而順利脫困，卻可能因為任憑某些存在已久的大漏洞，一如往常的大量失血中而一蹶不振。因為大漏洞發生的原因複雜且牽連廣泛，難以立竿見影看到實施的成效，反而放任它維持現狀。

兩相比較，企業經營者的決策行為其實和買菜族的消費行為沒有兩樣，看小而漏大，見樹而不見林。經營者經常忽略了只有他把寶貴的時間、精力與組織賦予之權力，持續用在重大的事物上，才能為企業帶來實質有意義的成果，而不是把心力浪費在其他人可以執行的事物上。

時間對每一個人都是公平的，具有完全僵化與無可替代的特性，但時間內所做的事情卻絕對有選擇與取代性，如果經營者把大部分的心力用在涓滴節流的小事情上，雖然博得勤儉的美譽，但同時也剝奪了他學習如何處理大事情與重要事情的時間和精力。企業經營的重大事情不外乎：人員、效率、品質、庫存、應收帳款、現金外加經營策略，如果捨本逐末，恐非將才之所為。

30

不要被工作時間矇蔽了你的眼睛

龜兔賽跑的預言，隱喻雖然兔子有矯健的身手，但是因為怠惰反而輸給了動作遲緩但持續不斷爬行的烏龜。

從另外一個角度來看這則饒富深意的寓言。假設把怠惰的因素去除結果就完全不同了。相同的路程，如果你具備像兔子般矯捷的速度，那麼就可以輕鬆鬆、快快的走完行程到達目的地；反之，如果你的能力有如行動遲緩的烏龜，就得花費更多的時間才能得到相同的結果。也就是說，能力其實才是決定產出的關鍵性因素，只有當同場競技的雙方能力相當時，時間才會成為影響產出的原因。

工業發展漫長的過程中，工廠裡製造的某些行為和觀念，經常順理成章被管理者不加思索的沿用到其他的管理領域。幾乎所有的生產工廠為了使程序順暢，都有它自行設定的標準生產程序，一方面可以有效的降低生產成本，另一方面也因為有了固定的程序，就可以非常單純僅藉由機械與人工工作時間的拉長，增加生產量以因應市場季節性或突發性的擴大需求；投入的時間和產出間幾乎成為眾人皆知的直線關係，淺顯而易懂的概念很輕易的被大部分的管理者或經營者用在其他的工作領域。

許多企業經營者，在脫離熟悉的工廠標準生產程序領域，對其他非生產的單位，似乎就不知如何才能精準的判斷一個人或一個單位的表現了。表現和能力有絕對的正相關，而能力的面相包含廣泛，除了專業知識、技術等比較具體的項目外，還包含自我認知、態度、特質等相當抽象的概念與各種類別的做事能力等，綜合之後才能初步斷定一個人的能力程度，還得經過實際做事成果的驗證，和周遭同事、長官們主觀的評價等因素，再加上許多工作是團隊合作的結果，難以切分個人的績效，因此企業經營者經常捨繁就簡拋棄其他的因素，直接了當的以勤奮作為判定一個人表現是否優質的關鍵因子。

而勤奮最淺顯可外見的表徵就是工作時間，經營者套用了工廠的生產概念，認定工作時間和表現有直接立即的關係。一般的員工在經過一、二次的試誤經驗與一段時間的觀察後，很快的就能感覺出延長工作時間會帶來較佳的收入和較多升遷的機會，自然會調整自己的行為模式，以適應環境的要求：經營者或主管的期望，並且讓經營者直接感覺得到，反而把作業效率與工作績效放在兩邊。大部分的企業都以這種簡單的標準來評斷一個員工的優劣，遂不斷的促使職場的工作人員拉長工作時間，逐漸成為一種普通現象。

事實上，企業經營的良窳不在員工的工作時間長度，而在員工單位時間的產出是否優於競爭者，產出的最大化直接對應的是人員能力的最佳化，經營者應當把大部分的心力用在選擇適當的人才及給予充分的機會培養他們的能力，而不是著眼於表揚超時工作的員工，和讚揚不計績效的勤奮。

31 迎合讓你覺得偉大

全球排名第一或前幾名的旅館，得此殊榮的原因，除了金碧輝煌的建築、絕對豐富的設施，以及座落在風景優美景觀特佳地段的基本條件外，真正能獨占鰲頭、出類拔萃的是無所不包的服務內容、超乎想像完全迎合客人獨特需求和品味的服務水準。

雖然是初次住宿，當你走進大廳，服務人員卻能親切的稱呼您大名並在入口迎接，並熱絡的和你閒話家常，第一個驚喜就讓人覺得窩心；走進房間，所有的佈置有一番精心的安排，都是你一向熟悉而喜歡的，並且細心的避開個人的忌諱，貼心的想到細微末節並屢見驚喜，連你如廁時喜歡隨手閱讀的雜誌，都整齊的躺在那兒，其他臨時性的需求也做到盡其所能，使命必達。雖然可能所費不貲，相信沒有人會輕易的忘掉這種經驗，而不對這家旅館推崇備至。

從頭到尾，它遵循了一個中心的思想與原則，就是「迎合」，而且是完全沒有折扣的迎合，它帶來愉悅的感受，自然也讓接受服務的對象心甘情願的付出可觀的報酬。服務業完全抓住了人性的弱點，也因此獲得可觀的收益。

企業的組織體系內存在相同的現象，只是服務的對象轉換為經營階層極少數的幾個人。就員工而言，這一小撮人是個人獲得好評價與高報酬的支配者。大部分的企業，對人員的升遷與調薪都有一套制度化的審核程序，但卻賦予企業經營者最終的調整與決定權，因此員工任何的行為與表現只要迎合滿足決策者的口味，自然受到青睞而不次拔擢。企圖心強烈且觀察力敏銳的員工，深知人性的弱點和個人前程的絕對關聯性，會用盡各種手段去迎合決策者的喜好，甚至泯滅良心、屈意奉承或含淚接受屈辱；迎合的想法與原則相同，用在組織的上下層級間，卻帶來完全不一樣的評價與結果。

經營企業本質上是非常私利的，企業經營者雖然口頭上把社會責任掛在嘴上，但實質的最大目標與經營企業的成就與快感之來源就是獲利的最大化，達成獲利最大化的力量源自於組織內所有的成員，當成員的組成優異，目標自然達成，企業經營者也得到最大的滿足；如果為了獲取迎合己意的小滿足，拔擢並不適任的員工，並充斥在企業組織的重要位置與各個角落，最後因小失大，顯然得不償失並有違企業設立之初衷。

企業應該努力的去建構一個開放自由的環境，讓所有的員工在沒有顧忌與憂慮的氣氛下，勇敢說出他們心裡的話並能開放的討論各種議題。集思廣益永遠是企業經營者決策時必須遵循的原則，如果迎合上意與接受指示成為企業的行為模式，大約就可判斷何時是這個企業生命週期的盡頭。雖然有些企業在一條鞭的管理模式下，紀律嚴明、成績斐然，本質上仍然是全體員工迎合少數威權者的集體屈就行為，有朝一日當發號司令的靈魂人物年老力衰時，才會恍然覺悟在這種環境中不可能培養出獨當一面、開創新局之後繼將才，企業衰敗從此開始。

32

相同的環境和養分，不會長出不同的東西

在地廣人稀的地方，經常可以看到機械化耕作令人驚嘆的成果。一望無際廣袤綿延的平原被切分為一大塊一大塊的區域，每一塊區域內是清一色同種的植物，可能是稻、麥、玉米或各類的花卉，因為同類植物大量的聚集，生長速度相同、高度和型態齊一，當豔陽高照清風徐來，陣陣的波浪跳躍在花草植物的枝頭間，讓人心曠神怡。有些花場以各種不同顏色的花大面積的錯落間植，形成一幅由大自然構築的錦繡圖案，美不勝收過目難忘。在同一區域，相同的土壤，日照、空氣和水量都一樣，使用的肥料也沒有差異，農夫關心的程度一致，結果幾乎完全相同，才能形成看似自然卻是人工精心培育的美景。

很多時候可以看到另一種截然不同的景象，土地沒有被整理過，也沒有農

夫精心的除草、施肥、澆水和照料，但在一年的某一個季節，總可以看到滿山遍野欣欣向榮的花草爭奇鬥豔，高矮、粗細、大小、顏色交織錯落各有可觀，呈現另外一番風情。仔細的觀察一定會發現有些植物特別的高大強健而突出，有些花朵特別的碩大豔麗、引人注目，迥異於人工特別照顧下完全齊一的景致；在基因的技術尚未用來改造植物的成長型態前，植物的突變都隨機式的發生在自然環境中，物種的演變也因此邁進一大步，它幾乎不會在齊一條件的環境中產生突變的反應。

因為跨國間的貿易藩籬在國際組織以協商為手段日漸成熟的運作機制下逐步的撤除，物品可以更順暢的在全世界大部分區域流動，提供物品的企業規模在需求倍增的激勵下也越形龐大，此時紀律與制度成為規範一大群人集體運作絕對必要的方法，它讓組織體系內所有的人在相同約制的條件下，依標準方式運作，所以投入與產出間有固定的軌跡可尋。大部分的事情可以預期，投資與獲利也可以掌握，這些都是促使企業經營者願意投入資本與心力的原動力，也為社會的進步貢獻了不可磨滅的力量。

紀律與制度的約制固然可以使企業在相當規模時運作如常，並且帶來正面可預期的效益，但同時也犧牲了企業未來發展創新的動力。就如同農作物一般，齊一的栽種模式帶來豐碩的收成，突變的物種卻必須在自由的環境中搜尋。本質的提升與躍進，仍然得依循物競天擇之理，只有在百花齊鳴沒有限制、自由的環境中，才能孕育出特別強健突變的種株，帶來整體收成的大躍進。

競爭激烈的環境，促使企業不能安於現狀，必須經常力求突破，而突破的動力不易在完全定型的運作體系中產生，要不得自於外部人才帶來不同的觀念與做法，否則就得在現在的制度中，切割出一塊自由發展的空間，允許某些超越現狀不安分因子與成員存在，讓他們有機會敢於打破現制、提出開創性的做法，並給予試行的空間和容忍其特殊的行為。

企業經營者有相當的胸襟和氣度，能容忍這些逾越規矩的異議份子，並給予相當自由發展的空間與機會是基本前提，這也是預測企業是否持續榮景並獨占鰲頭的重要因素之一。

33

一時的成功並不代表永遠的成功

戲劇界常常有一窩蜂的現象。當某一個節目或戲劇突然爆紅時，似乎所有電視台都看到一線曙光，爭先恐後的模仿，有些稍加修改，部分則換個名字甚至完全抄襲，同類型的節目充斥在各頻道間，一陣子熱鬧後，觀眾逐漸失去了新鮮感引發的熱情，收視率節節下滑，這種類型的節目也就銷聲匿跡，不再有人聞問。開風氣之先的名利雙收，尾隨在最後的草草認賠收場，相同的場景屢見不鮮。許多人欠缺敏銳的市場嗅覺和原創力，只能搶搭順風車、依樣畫葫蘆、拾人牙慧。

企業經營者在企業稍具規模，站穩腳步後，總會不時的反頭回顧披荊斬棘的來時路，因為親自參與所有艱辛的過程，他們也都各有一套成功的法則，成功的事實擺在眼前，因此不論說法或做法多麼不合邏輯或人情世故，似乎都言之成理，並經常被冀望成功者不加思索的引用或傳頌，作為人生的標竿。經營者當然更是深信不疑，一再的沿用相同的原則和方法，不斷的複製到新開展的事業上。如果不知權變、調適或創新，失敗的風險悄悄的掩至。

成功的法則彙集了辛勤、能力、眼光、人脈等各種因素，但成功的企業經營者不可避免的承認其實「機運」的比重遠超過那些為人稱頌的成功之道，雖然空有機運而沒有其他實質條件的配合仍難成事，但成功者的經營之道也就不再是那麼的金科玉律了。

環境和條件隨時在變化中，雖然某一業態的生命週期較長，但不同的階段間依然有明顯的差異，企業很難把此一時成功的方法當作是永遠的成功模式，這也是企業經營的迷人之處，因為它得隨時接受各方面的挑戰，對企圖心強烈的經營者而言，克服挑戰往往是成就感與快樂的泉源。

辛苦的經驗總是令人難以忘懷，從中獲致的心得與演繹出的方法，幾乎根深柢固的成為個人能力的一部份，並深信不疑。加上成功之路漫長，一輩子可能就這麼一次，很難再次驗證它的泛用性，因此大部分的經營者就把它完全的複製在其他新事業的建立上，雖然大部分的法則是相通的，但是因為業態的特性必然產生差異，選擇性的複製才是最好的方法，它還需要加入其他原創的概念，才能突顯特色產生競爭力。如果要再度產生原創概念，經營者首先得把權威與光環放在一旁，再拋棄知之甚詳的想法與經驗，讓自己完全淨空，並大量吸收不同的知識，禮賢下士虛心求教，才可能再度觸發靈感，提出獨有且嶄新的看法和做法，拘泥舊有成功的法則，企業的成長相對的也受到侷限。

34 把自己神化了

每一次看到動輒數萬人聚集在一個相形之下不是非常寬敞的廣場，安靜的聆聽大師講道散佈福音，總是令人動容。這些信眾自動的放下手邊的工作從四面八方湧來，有些還得千里跋涉、輾轉往返，吸引並維繫他們全神投入的唯一因素是宗教信仰，它看似無形卻顯然存在，推動信眾們無怨無悔的以行動來表達對信仰的虔誠，並祈求帶來平安與幸福。由信眾對宗教的熱誠程度來看，東西文化之間幾乎看不到差異，不同的只是神祇與儀式。在台灣每年春季媽祖的遶境活動，同樣吸引了成千上萬的信眾披星戴月、風雨無阻，恭敬的隨著遶境隊伍走完數天的行程；沿途散佈在各鄉鎮的善男信女完全無償的為這些遶境隊伍提供食宿，他們祈求的同樣是平安、豐收，有時還加上一些個人的心願，譬如：身體健康、學業、事業順遂等等。

它讓我們看到宗教力量的偉大，所有的行為都圍繞著一個中心思想，而中心思想比較具相的代表「神祇」可能是圖像或雕像。神職人員則為神祇所代表的中心思想與信眾之間的橋樑，闡述與傳播信仰，藉由他們不斷而生動的述說，教義與道理深深的烙印在信眾心中，並顯露集體行為模式所凝聚的超大力量，信眾的心靈因此有了寄託，也帶來平靜與希望。宗教信仰的集體行為與效果，必然吸引許多學術界或其他領域有心人士，探究其奧妙。

企業中也經常可以看到類似於宗教行為的縮影。經營者為了有效帶領這一群來自四面八方各具背景與特色的員工，同樣期待他們盡其所能的付出，因此仿效宗教的方法，以不同的名目建立屬於自己獨有的文化和精神，作為員工行為的準則與思維之依據，其實它和教義有相當神似之處。

眾所皆知，企業的文化與精神是極少數共同創業者，歷經艱辛、困頓的創業路程領悟而出的事業經營維繫之道，再刻意的濃縮成簡潔類似於標題的文字，方便朗朗上口與記憶。它很像教義，雖然文字淺白，但需透過中介者，以口語闡述才能讓聽者清晰的捕捉其內涵；宗教中的神職人員職司其事，在企業界則由企業經營者擔綱，他會利用各種機會與場合詳細的敘述創業與經營過程中的經歷，以小故事來活潑內容，真實要傳達的是應有的態度、秉持的原則和處理的方法，希望員工們因而心領神會，潛移默化後也可以表現相同的行為。

為了效果，經營者會採用重複的手法，一而再再而三的使它成為記憶中的一部份。重複的方法早已被行銷人員不斷且廣泛的用在各種行銷活動中，讓相同的資訊刻意的出現在你生活周遭的各種環境中，自然造成深刻的印象，誘使消費者不經思索即下意識的購買已有深刻印象的產品；如果用在政治領域，則被貶謫為「洗腦」的迫害行為。

當經營者不斷口沫橫飛、高談闊論其理念與經驗時，為了使話題生動，往往誇大其詞、言過其實，次數一多連自己也被反向催眠，不知何者為真？何者為假？這些稍嫌誇張發生在自己身上的事蹟，如果越來越多或超乎常情，在員工心中則會浮現經營者幾乎神化的印象，加上周遭如果奉承者眾，則有推波助瀾之效。人的擬神化，通常經不起時間的驗證而露出馬腳，反而會讓員工懷疑其真實性而喪失對企業的忠誠，反成為背後訕笑的題材。

宗教則不會有這種現象，因為神祇原來就是虛擬的名稱，看不到實體，神職人員再怎麼誇大、信誓旦旦，都不會成為負擔。企業經營者畢竟是活生生的人，有好的一面就有不足的另一面，如果過分誇大強調好的一面，似乎沒有缺點，不僅少了謙虛的美德，並容易招致員工的鄙夷；常常反省承認自己的缺點，或許更能獲得員工的愛戴與信任。

35

說多做少

打開電視頻頻轉台間，總可以看到一些所謂的名嘴夸夸而談、針砭時事，正反雙方意見自然相左、論述針鋒相對、相互對嗆煞是熱鬧異常。談論的議題通常是剛發生的新鮮事，很容易吸引視聽大眾的注意。剛發生的事情因時間短促，資訊相當有限，在有限資料的情形下發表評論，大體僅憑臆測和運用常識、想當然爾的推論，再鼓如簧之舌，提出一些看似合理的說法，也因此經常悖離事實遭人非議。在收視率的考量下，為引起注意，用字遣詞以聳動者居多，觀眾其實是以看熱鬧的心情姑且聽之，並各取所需的接收訊息。當下一個吸引人的節目緊接而來時，前面接受的訊息很快的被覆蓋而拋諸腦後，少有人在意其真偽。但是談論中如涉及某些人物或團體的品德、操守、風格的負面評論，評論者通常可以巧妙的避開言論不實的法律責任，卻可能烙印在觀眾的心中產生不良的印象而成為受害者。觀眾藉由名嘴抒發心中隱忍已久之怨氣，或許是評論節目對社會的進步所帶來的最大功效。

企業中其實也不乏這樣的名嘴，他們辯才無礙、口若懸河，談及一件事情總能娓娓道出歷史典故，並可以左拉右扯的把所有看似無甚關連的事情串接在一起，再加入一些無可駁斥極為正確的道理和對未來之期望，就成為一篇非常精彩的講詞，乍聽之下著實令聽者動容。這樣的場景在擅說人的身上經常可見，不同題材就有不同的組合但是一樣的精彩；企業畢竟是侷限在一定領域內的小社會，新鮮事不會很多，重複的事情倒是時時發生，終究有一天員工會發現，這些歸屬於擅說者的主管們，尤其是越高層級的企業經營者，總是不斷複述一些相同的事情、道理、經驗和看法，實際卻看不到也體會不到特別明顯的改變，當相同的事情經年累月一再發生時，間接證明一件事實，就是擅說者通常不擅做，動人詞彙組合而成的道理、呼籲和期望不會帶來實質的效益。

為什麼會如此呢？企業內問題的處理或解決，必須建立在充分資訊的基礎上，才可能由其中解析發生之根由，雖然是相同的問題，但不同階段之肇因不同，也就不能僅憑個人的經驗和常識，比擬名嘴的模式，在說出一番大道理後，員工們就能找到處理或解決的門路。管理的概念千緯萬端，實質上仍得回歸方法和步驟。說法與道理是形而上之概念性的東西，了然於胸雖然能使態度產生變化，但仍須仰賴主管們根據他們豐富的經驗和周密的思考，提出清晰並合於事實與邏輯的做法，指引員工一步步的達到口中所希望的境地。

大部分的主管，名嘴的身分當久了，動嘴和說道理成為他們最大的本事，逐漸喪失了企業經營最關鍵的腳踏實地執行的能力，或許原本執行面的功力就不夠深厚，時間一久越來越昧於事實，甚至害怕接觸作業細節，員工因而烙下主管只會說不會做，但精於東拉西扯、不切實際的印象，而成為茶餘飯後揶揄的好材料。

36

基層員工決定了企業的未來

歷史劇中屢見不鮮的場景，竟然經常發生在企業中、你我的身邊。

大部分的歷史劇不論是以史詩型態嚴謹的描述一個朝代的興衰，或以稗官野史、民間流傳的角度描繪官場百態而饒富趣味，其中都免不了對帝王周遭人物的細緻描述，其中一定免不了的人物就是整天服侍在天子跟前的宦官，雖然在文武百官名冊中不見其名，且層級極為卑微，但卻經常對帝王的決策有關鍵性的影響力。他提供的訊息通常是奏摺中看不到的，但無形中卻可以左右決策；其名雖不列百官之冊，但卻成事不足敗事絕對有餘，故幾乎沒有任何官員敢忽視他們的存在。宦官干政以致王朝傾圮成為歷史的一部份，而為精明的帝王所極力避免；宮廷中這種錯綜複雜的關係和權力的爭奪，平添歷史劇的可看性並發人深省。

企業在設定的領域內類似於王朝。經營者幾乎擁有絕對而極大的權力，其言行與決策同樣影響企業的興衰。企業中當然沒有宦官的角色，但是如果由職位之卑微來比擬，那一群辦公室中最基層的員工倒也相似。他們是讓企業不斷運行最重要的執行者，所有的事情經由其手完成，對事務的運作也最熟悉。

現代企業講究的是競爭力，也就是說企業間應該有突顯的差異性，差異是由市場區隔、價格、成本、服務、產品、利潤、策略等等型態顯現，但是追根究底還是免不了回到效率的考量。速度快、耗損低、用人少，成本就比別人低，差異自然形成，所有的策略和目標才可能達成。因此企業總是處心積慮期望由各面向不斷的設法改善、增加效率，最直接的方法總括而言就是管理方法的精進。管理方法呈現在作業程序中，而作業程序又由許許多多的細節組成了。誰又對作業程序最清楚呢？毫無疑問是所有基層的執行者，他們最瞭解問題所在，也清楚怎麼做能改善現狀，所以當企業尋思效率提升時，基層員工的想法和建議會成企業作業程序調整的基礎。突然之間，他們的重要性似乎超越了經營階層，因為經營階層通常離實務之細節遠矣，對基層員工所提議與設計的作業順序已失去主導的能力。公司的未來似乎移轉到那一小撮參與調整的基層員工的手中。

基層員工有先天上的缺點，就是全面性概念的不足和難以完全掌握管理的精髓，因此擬定之作業模式，雖然在某些細微之處帶來便利與速度，但對整體效能的提升幫助不大。有時還可能因單向角度的思考帶來掣肘，反而使作業程序因複雜化、缺乏連貫性而減損效率。企業經營者或主要的管理階層把攸關企業營運的作業制度之改善交由基層員工去規劃，雖然最後需經決策者核准，無異於帝王在決定國家政事時卻以宦官之意見為主要之參考依據，起因於決策者疏於對事實真切的瞭解，反被非適任之人牽引，淪為橡皮圖章。

企業經營者在繁忙之餘，仍應務實全面式的瞭解和體會各事務的運作方式，檢視目前的做法是否背離企業原先設定的要求，是否符合潮流與時俱進。未全程參與討論與規劃而下的指示，極易背離原意和事實，應引以為鑑。

37 主管反而成為企業的亂源

交響樂團所表現出來的協調性，是我們在日常經驗的事務中，感覺最不可思議也最具代表性。

一個上百人組成的大型交響樂團樂器的種類五花八門，大部分的樂器同時有多人演奏，樂曲的結構複雜艱深，但就在樂團指揮一人的領導下，可以合奏出和原作品幾乎分毫無差的樂曲，人數越多氣勢也就越恢弘磅礴。如此完美的協調性建立在樂團中的每一個人，都非常清楚自己扮演的角色，並恰如其分呈現的基礎上，指揮更是掌控樂團是否完美演出的靈魂人物，他完全熟悉樂曲的結構、音律及作曲者欲闡釋的意境，以個人獨特見解和手法詮釋，同時精確的掌握各類樂器的特性和熟悉演奏者的特質，才能指揮若定。

愛樂者欣賞交響樂團的現場演奏不只是沉醉在悠揚的樂聲中，享受它帶來的愉悅與祥和，也同時欣賞指揮家舞動指揮棒快慢自如的律動，並和演奏者一同感受協調一致演出時所帶來的震撼。

樂曲好比是企業中的規範與制度，員工則是樂團中配合演出的演奏者，每一個在制度中參與運作的員工，必須如演奏者一般各盡本分的在適當的時點把該做的事做好，而企業經營者則像極了樂團指揮，看似忙碌但井然有序、鎮靜異常；每一個部門的主管也像是小樂團的領導者，只是指揮的人數不同。企業經營者或主管在日常作業中，雖然不會親自執行每一個細節，但他應該對每一個細節知之甚詳，就像樂團的指揮對樂曲、樂器和演奏者既熟悉又有自己獨特的見解一般。

組織體系龐大後，許多事情逐漸走樣，中高層的主管和經營者難以避免的被一些不會帶來正面效益的事情羈絆，工作時間不自主的被切割的支離破碎，對現實運作的細節和狀況逐漸生疏，所以提出的見解和新點子，經常昧於事實反而打斷了步調；想像一個樂團的指揮在演奏的過程中，如果突然改變原來詮釋的手法，演奏者得在匆忙中應對或者需要的技巧超越原有的能力時，換來的必然是走樣的演出。

窮於應付主管不切實際的臨時性需求，通常是員工夢魘的大部分。任何的變動與調整必須在妥善的規劃之下提出，它應該有連貫性並可預期。而所有的主管不論工作如何忙碌，都得把掌握現實狀況列為最優先的項目，並維持持續參與的熱度和熟悉度，才不至於昧於事實下錯指令或干擾了進行中的步調，反而成為企業的亂源，阻礙了企業的發展。

根據統計資料顯示，每一年企業執行長（CEO）的異動率高達三成，在在顯示企業問題的根源通常都不在基層員工，罪魁禍首就是主管，員工倒反而成為解決問題時領頭的替罪羔羊，任何改善從自己做起，確是至理名言。

38

家天下，企業就是我的

不論是走進大賣場、超市或人聲喧嘩的夜市，一攤攤色澤豔麗成堆展示的水果總是吸引消費者駐足挑選。看看賣相、惦一下重量、觀察蒂頭，有時還得敲一下外殼聽聽聲響，或按捏一下緊實度，大部分的消費者就這麼樣挑選了一些自認為滿意的水果，秤斤兩付錢後大快朵頤一番。口齒留香之際，唯一難事先確認的是甜度和口感，結果就在品嚐的一剎那間分曉。有些廠商會按甜度分級或者提供切片的樣品試吃，多少也克服了一些未知的不確定性，縱使如此仍然難保證顆顆一致。同一棵果樹在完全相同照顧的條件下，因為日照、氣溫、濕度的些微變化，果實的口感就有差異，何況成堆的水果可能摘自不同的果樹或果園。

幾乎任何人都知道，挑選的機會越多挑到好的機會就越高，很少有人會去所剩無幾或陳列數量極少的攤位購買，那些挑剩下來的，通常在打烊後，商家自行處理掉了。

企業在挑選接班人的時候，採用這種淺顯易懂類似於挑水果的方法應該極其自然，甚至得更加的周密慎重才是，畢竟企業的價值遠勝過一籃水果。我們常常可以看到如是的報導，某某數一數二國內的大企業，第二代的接班人逐漸浮上檯面，不是創業者的兒子或女兒之一，就是他的女婿或媳婦，附帶介紹家世、學經歷和刻意培養的過程，絕大部分跳脫不出家族的小圈圈，這好比有人到超市或水果攤購買水果時，專門找數量最少的攤位挑選，卻對成堆的果攤視而不見，簡直不可思議。

君王帝制把天下當作是自己的家業，因此只在眾子之間擇優者繼承大統，傳子卻未傳賢，結果就是由另一個剽悍有野心的人取而代之，舊王朝終結，原來期望家業流傳永世隨之幻滅。一直到民主的概念萌生，才結束了帝制封建的思維，大部分的國家也因而突飛猛進，表現優異受到人民愛戴的國家領導人最長延任一期，做不好的任期一到甚至未到即在民主程序下終止職務，因此得以控制傷害的程度與範圍，因為換人做做看，而且是千挑萬選得其一，在任期限定的條件下，總會帶來一番新氣象，進步得以預期與持續。

「富不過三代」簡單而精準的描述企業主把企業當作是自己家業的結果。看來精明幹練的創業主卻採用了最狹隘的血緣關係挑選繼承人，當繼任者知道自己是唯一的候選人時，企圖力爭上游的強度自然降低，未經辛苦歷練激烈篩選的競爭與淘汰，能力自然難為上上之選，再加上根深柢固企業就是我的心態，倒成為培養獨裁霸道的沃土，相對的難有容納雅言之胸襟，在在種下企業衰敗的種子，只是種子萌芽的時間尚難確定，過不了三代的說法似乎為企業的最終生命下了註腳。

國外企業發展的歷史過程中，也遭遇到相同的困境，最終發現民主方式可能是目前最好的方法。他們把投資者和經營者的角色分離，投資者由外界的人才庫找尋最適當的經營人才並簽訂合作任期，經營者如果表現不佳，則換人做做看，因此歐美企業CEO（執行長）的更動頻繁，但企業的進步卻沒有歇止。如果經營者和投資者是同一人時，這種機制必然完全失靈，當不適任者長期擔任最高領導者的角色時，企業焉有不敗滅之時；何者為智，昭然若揭。

39

分享權力，胸襟寬大，長長久久

政治實體的運作模式，也可以作為企業管理的借鏡。

民主國家政治實體中比較成功的運作模式，大致上可以歸類為：總統制與內閣制兩種。總統制中總統握有極大的權力，內閣制則由內閣總理主導政事，總統僅是虛位。在權力結構中，兩個制度都有權力平衡的設計，參議院與眾議院兩個民意機構以政府預算的審查及法案的審核權箝制總統與內閣總理避免濫權，總統及內閣總理則可以宣布解散國會及否決法案，鞏固及捍衛自己的施政理念並約束議會，彼此為了權力的維護、運用及延續政治生命，必須適度的妥協，因而雙方都受到約制不可能過分的逾越尺寸，國家也就在紛紛擾擾中緩慢的進步。加上雙方都有任期的設限可以控制損失，大幅倒退的情形較難發生。

那些正在學習民主制度，但制度的設計有缺漏而失去平衡時，不論倒向任何一方，就極易產生負面的結果，不是走回獨裁的老路，就是弊案叢生，受難的是黎民百姓。

一個成功的企業，商業範疇廣泛人員眾多，年度營收金額甚至可以比擬政府的歲收規模，因此常被暱稱為企業王國。雖然如此，兩者追求的目標有顯著的差異，企業追求是營收的成長，它必須以效率、速度來換取，所以運作機制的設計容易忽略制衡的因素，企業經理人因此擁有極大的權力，只要營收能落在目標範圍內，通常他可以任憑己意制訂政策、決定做法、調整組織、聘任或解雇人員、提供獎賞與酬勞，幾乎沒有設限。有些企業的所有權和經營權分離，董事會在關鍵時刻以否決營運方案和撤換CEO的手段，自然扮演制衡的角色，但是台灣很多的企業，雖然股票公開發行或上市、上櫃，所有權與經營權經常合而為一，董事會失去制衡的功能，權力朝單向極度的傾斜，因而隱藏深度的危機。

權力有如春藥，擁有權力者在施展時，陷入飄飄然的境地，難以忘懷它帶來的滿足感，因此很少有人願意放棄已到手的權力授予他人，反而是極力的擴張爭取並恣意的展現，結果都是悲劇收場。政治實體運作中身敗名裂、黯然下台、身陷囹圄或亡朝滅氏的實例俯拾皆是，企業中同樣以衰敗、傾圮、結束營運展現。歷史是一面鏡子，它顯示出一個通則：權力的集中是毀敗的根源，不論是國家或企業皆然；而權力又如此的迷人、難以割捨，如果期望既有權力者自動放棄某部分的權力，確實強人所難，最好的方法仍得借鏡政治實體的運作模式，就是設定經營者的固定任期年限和連任次數，並由投資者成立的董事會扮演適度制衡的角色，使經營者知所節制，同時在公司運作制度中建立有限度的共同決策模式，採共識與多數決，適度限縮CEO與各階主管自由心證的權力範圍。

如果投資者與經營者為同一人時，以上的做法幾乎完全不可行，此時唯一可以期望的就是他擁有分享權力的胸襟，胸襟的開闊通常得自行體認。大部分的企業主因為權力集中而過度忙碌，最終則在嚴重損害健康下換得大徹大悟；健康難以千金買，當健康不復，一生追求之名利隨之煙消雲散。

犧牲些許效率換取長期穩定的成長，或許是企業經營者可以多加思考的議題。

40

拚命，真的把命給拚掉了

新聞時事報導，我們經常可以看到如下的鏡頭：

由長方桌擺置而成方形或馬蹄形的陣勢，政商或學者各據一方，中間隔著一方擺置盆花的空地，每一位參加者的桌前都放置著說得上是豐盛的輕膳小點和精美的餐具，他們正為了某項法案或事件，利用早餐的時段以早餐會報的模式，一面輕酌膳食，一面報告、說明或討論、提出看法甚而詰問，餐食多少可以緩慢緊繃的場面，但是事件的當事人或參與者並不會因用餐而降低緊張的情緒，攻防之間依然得小心翼翼，否則僅因享受美食立場盡失或陣勢失守，則得不償失。

用餐與處理事情同時進行中，心思幾乎全數用在應對中，說實在話，糟蹋了廚師的手藝和精心布置的會場，更糟的是與會者在食不知味的情況下把食物往肚子裡送，此時大部分的血液輸送到腦部以應對外面險惡的情勢，胃腸得不到足夠的血液就不能按正常的生理機能消化食物、吸收養分，長此以往，那些看似光鮮亮麗、權傾一時的政商人物，幾乎沒有不罹患腸胃的疾病，只是發病時間早晚和嚴重程度的差異而已。

不知企業經營者是有樣學樣還是始作俑者，他們也習慣利用早、中餐或晚餐的時間召集幹部，一面用餐一面報告、提出問題、討論和做成決策。表面上看來主事者勇於任事，充分利用所有的時間解決問題，殊不知人體消化食物時得耗用大部分的血流量，流入腦部的血流量減少，而使腦部供氧量不足，遲緩思考與反應的速度，所以餐會中的討論效率和決策品質均不如日常作業時；在填飽肚子時，違背生理反應強制用腦思考，再加上報告者自然產生的壓力，使消化系統處於緊張狀態，長期以來，企業界主管們普通罹患消化性潰瘍難以痊癒。這種似是而非的行為模式，害慘了所有力爭上游積極進取人士的健康，並習以為常。

「要拚才會贏」，因為當政者和企業經營者為了顯現決心而強力歌頌鼓吹，瀰漫在社會和企業間，各種有違常理不顧死活的作業模式紛紛浮上檯面，並受到非理性的讚揚，早餐會報僅是其中一隅，更多的是終日超時工作不懈，不分日夜國內外無止盡的奔波，當功成名就時才驚覺健康嚴重受損，甚至已近膏肓之境。且因疏於噓寒問暖、就近照顧，而妻離子散、家庭破碎不再圓滿，午夜夢迴時可能都要自問：這樣值得嗎？

其實經營企業在乎長久而非逞一時之能，採超體能模式雖可快速的獲致成就，但終究損及血肉之軀而失去曾經擁有的一切，各類的例子俯拾皆是，往生時的頌詞總是令人欷噓。

事情終究得回歸饒富哲理的中庸之道，講求的是平衡和遵循自然之理，工作如是，休閒、家庭生活、睡眠、飲食亦應如此；任何劇烈的活動都會帶來一個高峰，但隨之而來的必然是一個低峰，兩相抵銷回歸穩定；若把時間序列拉長，長期而言則是呈現絕對穩定的狀態，一時間的高低變化絲毫沒有影響，世事如此，企業亦如此。

41 社會對資本家太好了！

狼總是一整群的出沒，看到獵物時，領頭狼擔任總策劃和指揮的角色，身先士卒群起而攻之。獵物到手，領頭狼因為受到群體的敬重，少有狼會和他搶食，總禮讓三分，但大夥兒依然可先後共同分食各個有分。因此狼群的凝聚力很強，才能充分發揮團隊的整體效力，其破壞力遠甚於單打獨鬥的猛獸，也比較能在艱險的環境中求生。群聚性的動物大致上均採取相同的法則：在公平的基本前提下，長幼有序。

企業的組成也是一個群體，投資者投入金錢，經營者投入智慧和用心，員工則投入時間和體力，團隊合作的結果企業因此獲利，如果獲利的分配大致上合理公平，這個群體自然能保持一定的凝聚力，發揮團結的效益，否則就容易分崩離析。

歷史上各代王朝的更迭，基本上都起源於分配的不均，提供了有權力慾望的人士一個鼓吹民眾憤而抗之的絕佳時機與理由。資本主義的興起，使每一個人只要投入心力就有機會獲得較多的報酬，因此造就了資本主義社會突飛猛進的榮景。這種制度開始產生負面的效益，似乎正逐漸走向分配不均的老路；已經有學者認知到M型社會的逐漸形成，也就是說為數極少的人擁有的財富佔總財富的八成以上，他們根本不需要工作就能日進斗金，毫無節制的揮霍享受；但為數眾多的人，終日操勞賺得的錢僅夠餬口，甚且不可得，逐漸淪落為現代的奴工，原因何在呢？因為資本主義的社會在分配財富時，把大家共同努力的收益，完全以資金的比例作為分配的標準，忽略了佔總人數百分之九十九以上的員工的付出，縱使企業提撥了部分紅利做為全體員工的獎賞，其中一大部分卻用來酬庸一小撮投入智慧和用心所謂經營團隊的成員，剩下的部分經眾多人數的稀釋，單位員工之個人所得遠遠不如投資者與經營者；在日常開支尚且捉襟見肘的情況下，儲蓄不易也就無法由資本投入中獲利。這數十年來M型社會已見雛形，深化的速度將日漸加劇，當到達某個臨界點時，原先穩定的社會結構極可能崩毀。

財富分配的公平性出了問題，我們該怎麼辦呢？

歐洲一些已高度開發的國家，以富人稅賦和窮人的社會福利制度來校正部分的缺失，但也帶來不勞而獲怠惰的副作用；美國的富人也體會到財富分配過分傾斜一方的事實，在社會輿論的批評聲浪下，開始流行提撥資產用在公益和救濟事業上，雖然有平息爭議的效果，但問題依然存在。

其實企業體可以從源頭著手，與其在累積財富後再散佈給不相干的外人，不如一開始即分配給共同努力的夥伴；在經營者可控制的企業體內，重新規劃利潤的分配比例並非難事，最難的是貪婪之心，大部分的紅利應歸諸日夜辛苦工作但為數眾多的員工，使他們也可以快快的成為小資本家，相對的員工也應該和投資者共同擔負企業處於低潮期的虧損。企業經營者不計私利之最大化把公平放在前頭時，自然能體會到群體凝聚的巨大力量和展現度過難關的韌性。何憂利不可得？何愁企業不成長？

42

什麼都要

小孩子最喜歡去動物園了，對他們而言，每一種生物第一次看到時都是一個驚喜。當某個地區第一個開張的動物園，因為新鮮感吸引了父母帶小孩同遊而人潮不斷，賺進大把的銀子，於是各類型的動物園相繼開張。畢竟奇珍異獸取得不易，各動物園基本上圈養的動物種類大致相同，小朋友看多了新鮮感不再，動物園的生意也就逐漸冷清，但是只要有新的大家都沒有看過的動物引進，就會成為話題吸引爆滿的遊客，並持續好一段時日；譬如來自極帶的南極國王企鵝和澳洲的無尾熊等。同時間園內的其他動物通通淪為配角，有朝一日如果瀕臨絕種的熊貓能引進台灣，因為牠的稀有加上政治因素的發酵作用，相信更具話題性，前往觀賞的人可就不只限小朋友了。

博物館也是如此，每間素富盛名的博物館，都擁有幾件獨特的鎮館之寶，它就是全球唯一的展覽場，因此不論是法國的羅浮宮，英國的大英博物館或台灣的故宮博物院，年復一年，總是吸引全球觀光客絡繹不絕的專程前往一睹稀有文物的廬山真面目，它們魅力的來源就是獨特性。

經營其他的企業同樣脫離不了獨特性的框架。環顧目前成功的企業，哪一個不是在特定的領域內具備獨特的性質，有企業在科技研發領域以創新的概念領先群倫，有些製造量特別龐大而且有效率、成本低廉，有些獨具方便性連鎖店遍佈全球處處可見，或者提供特別快速的服務與陳設特別豪華令人嘆為觀止等等不一而足，因為獨樹一格，所以吸引特定的客人前往消費、購買、下訂，生意不斷財源滾滾。

慘淡經營的企業又怎麼了？它們也有通則可循。企業經營者為了拉高營業收入的金額，營業項目大量擴增，不斷的爭取各種可能的業務來者不拒，不再思考獨特性的因素，有些業務項目是企業的體質目前難以承受的，有些則拾他人牙慧，其特徵就是投入大量的人力和物力資源以及心力，最後卻白忙一場還得倒貼利潤，反而使自己陷入進退兩難的困境。

當營運報表的利潤欄呈現下滑現象時，企業經營者首先得檢討該企業的產品組合、服務組合和客戶組合，看看這些組合的成分分別為企業帶來多少利益，以及耗用了多少資源，兩者是否平衡？它們和企業想要建立或已建立的獨特性有多少關連？是不是偏離？對那些投入過多但回收不佳的項目，應立即斷然處置，縱使因而降低營業額，縮小規模或退出某個營業領域，甚至短時間內可能影響企業或個人之聲譽，均應當機立斷。

成功企業的經營模式，經常成為急起直追者的標竿，它們現時展現出營業項目的多樣性令人欽羨，吸引許多的小企業爭相仿效，殊不知環境條件改變，階段與體質不同和文化的差異，都使經營方式難以複製，企業經營者要努力的是參考別人的優點並認清時勢，積極建立自己的獨特優勢，保有並充分的發揮它，否則很容易陷入艱苦營運的泥沼中。

43 知道了又怎樣

網路的普及再加上搜尋引擎功能越來越強大，資訊流通幾乎已無遠弗屆。你可以在全球大部分地點的任何時刻獲得想要的各種資訊，不論是食、衣、住、行、育、樂或人文、科學、歷史、地理、政治……等等，幾乎單靠一指就可以搞定所有的事情，因此也誕生一些新的詞彙，如：宅男、宅女、大拇指族群等，精確而傳神的描述了現代人正在改變中的生活形態和行為，他們可以鎮日待在家裡足不出戶，依賴上網就可以和外界溝通往來，不論交友、購物，甚至於工作賺取生活費或投資，都難不倒這群新新人類。但終究這些人的行為是比較極端的例子。真實的世界裡，物品的流動、人際間面對面的往來，仍是實體運作的基礎，網路只是傳遞訊息的便捷工具，無法取代實體，就好像思想可以主導和改變行為，但行為本身卻是造就實體成果絕對必要的基礎。

網路興起後，時下的習慣性行為，不知不覺的被沿用到其他領域，各種資訊在企業中無所不在的流竄就是最好的例子。充分而正確的資訊是經營企業絕對需要的，它即時顯示運轉中的各個狀態，尤其當異常產生時，管理者因而查覺得以即刻著手處理，或用來檢視決策的期望值和實際間的落差，可隨時掌握競爭者與環境的變化狀態，因知己知彼調整相應的策略，提出更具競爭力的做法。但是慢慢的資訊的蒐集與提供變了質，許多的工作人員利用便利的電腦工具，耗費大量的時間整理編排企業運作過程中所有大大小小的資料，利用便捷的網路設施，不管需求度為何，一股腦的傳送給所有可能相關的主管和工作人員，當許多人都收到相同的訊息時，自然認為別人會挺身而出處理，實質上問題可能仍原封不動，或隨著作業流程移轉給他人，當該著手處理的黃金時間消逝，事情也就不了了之，訊息並沒有帶來真實的意義。

資訊的氾濫，使每一位主管都陷入耗時過多在閱讀和自身負責領域不一定相關資料的泥沼中，不僅浪費時間，也因資源的排擠效應而影響正常工作績效的產出；資料量龐雜，匆忙間閱覽難以深入分析追究原因和根源，解決問題的方式反而因此僅於浮面而不及根本。

企業中每一個成員都有他工作領域內必須知道的特有訊息，這些訊息應該被明確的分類，屬於他得挺身而出處理的部分就是重要訊息，他就是該訊息的擁有者或當事人，責無旁貸被充分授權負責處理，其他人如對那件事情的處理使不上力，就可以不被知會。耗費人力整理本來就該知道的資訊是沒有生產力的行為，它應由資訊系統自動定期產生，當異常發生時必須立即主動通知警示，正常狀態原來就無須管理，略而不看亦無妨，省下來的時間和精力倒可以專注在重要事項的分析、方法找尋、執行和防治作為上，更能發揮效益。

很多主管對自己需要知道什麼訊息、訊息應如何呈現、數字代表的意義、看到訊息又應如何解析都說不清楚時，那些資料和報告充其量只是數據的堆積、文字的組合和例行公事，當下最重要的課題反倒是如何提升主管的能力而非資訊本身了。

44 只能靠低廉的人工以勞力和時間換取微利嗎？

不知道什麼時候開始，吃到飽的飲食模式大為流行，簡直讓外食人口抓狂，儼然成為飲食文化的一部份。

199、299、399到699、799元都可以無限量的吃到飽，食客除了可以滿足口腹之慾外，因為沒有限制，多吃多賺，另外多了一層佔到便宜的滿足感；絡繹不絕的人潮代表雪花花的銀子滾滾而來，老闆也樂的笑呵呵，真是主客雙贏的最佳寫照。

走進吃到飽的自助餐廳，放眼望去，取食檯上各式各樣的菜餚總是堆的像小山丘一般，人多的時候，客人如蜂湧般取食盛盤很快見底，食物補充的也不慢，人來人往好不熱鬧，一盤盤的食物就這麼無限制的祭了五臟廟，人聲吵雜的熱鬧氣氛少了那麼一些幽雅，因此對那些講究精緻美食的老饕而言，大都敬謝不敏；胃口大、喜好熱鬧的年輕食客倒是趨之若鶩。

一定價位吃到飽的自助餐，消費額不高，但食材消耗量大，因多拿的耗損也不在少數，在商言商，食材的等級就不會太好，廚師烹調的手法自然也不如單點餐廳的細膩複雜，飲食氣氛和服務水準截然不同，整體的評價自然難和高檔的單點餐廳相比。

企業經營也有相似的情形。某些產業需要大量的人工，他們很像吃到飽的自助餐廳，到人工最便宜的地區僱用一批素質不太好的工作人員製造產品，成品的平均品質水準因此受到限制，售價難以調高，利潤相對微薄，經營者靠大量的微利累積利潤，其中很大的一部份得自於大量員工付出的勞力和時間，所以常被有識之士譏稱為血汗工廠，隱喻古代奴工變身現代的廉價勞工，受到不公平的待遇，令人欷噓鼻酸。

人的成長有階段性，從懵懂無知到受教育增長知識，再由生活歷練和工作中累積經驗，而後心智逐漸成熟，進而充分運用知識與經驗開創新局，基本上有一定的途程可循。

企業好比是一個有生命的聚合體，剛開始的時候因為能力和條件不足，它不得不以勞力和時間換取利益，不僅經營者如是，也利用了一大群員工的勞力和時間，以便快速累積擴張所需要的能量，當經營能力逐漸養成，利潤也累積到相當可觀的數目，各項條件越來越成熟時，企業體也應該和個人的成長歷程一般，思考如何運用這些累積的能力和條件，以創新的商業模式換取另一個階段更高的報酬，如果仍然執著於追尋低廉的人工，隨著一個地域人工優勢不再，移轉到另一個地區，無異如游牧民族般逐水草而居，永遠在一望無際的荒漠中和大自然競逐，不知伊於胡底，終究只能獲得最低層次的溫飽，卻同時背負著虐待勞工的罵名。

創新的商業模式以好人才為基礎。僱用好人才考量的因素和僱用一般水準的員工完全不同；它在乎的是人員的能力而非斤斤計較於人工成本，如果支付的待遇超過個人的期望，人才自然慢慢聚集，企業體質也因此改變，方可能逐步擺脫依賴大量廉價的勞工換取利益的模式，朝創新的路途邁進，這也是脫胎換骨成為可長可久的知名企業不變的途徑。

45

便宜貨真的便宜嗎？

消費行為裡有兩種型態最值得玩味，它分處於消費行為的兩端，一種是超高價位的名牌商品，另一種則是超低價位的廉價商品，兩種型態的商家均獲利豐厚。名牌商品以限量、訂製和指定服務創造它的稀有性；廉價商品則以大量、一致性和廣為鋪貨達到銷量最大化的目的。如果以理性的角度探討這兩種消費行為，因為在價格和成本與價格和期望間不對等，顯然都不符合理性的條件；名牌商品講究的是獨有的設計、精緻的車工、完美的品質和無微不至的服務，因為獨特而無價，價格難以衡量比較，所以消費者付出的價格和投入的總成本比較，商家的利潤遠超過一般認知所分配的比例，差額部分是消費者為了追求獨特性付出的代價。

廉價商品唯一的優勢就是比同類商品便宜，而且便宜的幅度讓消費者感受的到，因為東西太便宜了，所以商品的成分差了些、品質低一點、內容量少了些、精緻度也打了折、耐用性短了點，因此商品的使用時間相對縮短，重置費用增加，使用上沒那麼順手，心情和效率多少也受到影響，再加上低廉的誘惑而多購但經常閒置未用，消費者在實質獲得和原來期望之間依然有認知上的落差。

以生產為主的企業，講究的是生產成本的控制，生產成本基本上由：材料、人工和製造費用分攤三個區塊組成，企業經營者當然清楚如果要控制成本，得由這三個方向著手，他們也常常把購買廉價商品的行為模式，用在人工費用的控制上。表面上看來，如果僱用的人工越便宜，人工成本就越低，乍看下非常合乎邏輯。便宜的人工和比較貴的人工，除了顯而易見價錢的差別外，還有隱而不見能力差異的部分。好的能力無可置疑可以帶來比較有效率的產出，換言之，發生問題機率降低，損失就減少，企業體耗費在管理上的成本也就容易壓低控制。

員工的流動率通常是引發品質不良與大幅度變異的元兇。新進的員工都得經歷一段不算短的熟悉與適應期，才能瞭解作業程序和方法少出差錯，並緩慢的提升至正常的產出水準，適應期的生疏和不穩定及耗用管理者過多教導的時間，在在影響總體的生產效率和品質。

僱用能力好一點的員工必須以較高的薪資所得來吸引，因為願意付出相同價位的企業較少，相對員工的流動性較低，品質和產出就能維持在一定的高標準。所以企業僱用價格比較低廉的員工，表面上看來人工成本節省了，事實上其他的管理成本反而大幅增加，只是它通常分散隱藏在管銷費用的各個項目中，不易為企業經營者或管理人員明確區分而查知；反而經常因為人工低廉不自覺的多僱用了一些員工，為了管理數量日益增加的員工，又得多聘管理人員，因此組織日益龐大，但效率反而逐次下降陷入惡性循環難以自拔。

看來便宜，其實並不便宜。

46

衣服永遠少一件、人手總是嫌不夠

市面上販售商品中品項和變化最多的可能就是衣服了。實在很難想像原來只是遮身蔽體保暖的衣服，可以變化出如此多樣的用途、款式和花樣，而且儼然成為引領時尚最主要的元素。時尚圈引領風氣之重鎮不論是巴黎或米蘭，春、夏、秋、冬各季發表新產品的秀場，在襯底音樂的導引下，個子高䠷的模特兒魚貫的走向伸展台，都是以各式各樣、千奇百態的服裝為主軸，再搭配帽子、眼鏡、鞋子、皮包、配飾和美妝完成整體的造型，在扭腰擺臀的動態走步中，輕快而流暢的透露出下幾個季節流行的訊息，吸引全球各種媒體的注目攫獲了大部分消費者的目光，也勾起追求時尚潮流者不落人後購買的慾望。雖然現在的布料和製衣技術，已進步到衣服穿不破的水準，大部分的消費者卻很難擋得住誘惑，就怕趕不上流行的風潮，尤其對愛美的女性而言，購衣幾乎就是消費的大宗，也是滿足的泉源。

人多好辦事，大家耳熟能詳，因此企業裡也總是覺得人手不夠，就好像追求時尚流行風的人一樣，衣服永遠少一件。企業因為業務量不斷的擴大，人手自然跟著增加，在增聘人員的過程中，如果經營者未深思熟慮小心翼翼的控制人數的總量，員工總數很容易就快速膨脹到超過實際的需求量；因為組織體系的大小，也經常是企業體和競爭對手比較實力時的重要指標之一，經營者和一般管理者多少也存在著和購衣者一樣的虛榮心態，而昧於理性，只有當業務量偏離高峰往下坡滑移，且利潤大幅衰退時，企業經營者才會感受到人數過多的問題和壓力，但是因為工作模式已經定型，每個人的工作負荷也已平均化，如果想要精簡人力或移轉工作負荷就有相當的難度。

理論上，工作分析是企業瘦身時可以採用的最佳方法，它從工作程序檢討開始，延伸至每個職務的工作合理化與負荷分析、去蕪存菁找到組織在各種狀態下最適當的運作方式、組織型態和人數總量及應變的容許彈性，因為邏輯清晰、步驟明確，結果自然易被接受，但是執行時間冗長，還得借助外來顧問的協助，因此企業經營者常捨此而他就，直接採取裁員的手段，快速瘦身換取速效，它也成為資本主義社會私人企業慣用手段之一，雖然於法相容，但私人企業的錯誤所衍生的社會問題，卻得由全體社會共同承擔，有失公允。

其實企業經營者還有更好的方法，可以彌補經營的失誤，而無需成為毀害他人生計與美滿家庭的劊子手。

公開市場中人力的流動極為自然，企業因為競爭因素每年都有一定的流動率，流出去的人數如果不再追捕，企業自然瘦身，也不會因為大動干戈而傷筋害骨；此時企業面臨第二個難題，如何在瘦身的同時增加工作效率？就如同人在逐步瘦身時，得保持健康，而且希望更健康，此時最佳的方式就是強化身體的免疫功能。企業體的免疫細胞就是留下來的員工，免疫細胞的啟動機制在激勵。員工流失不補，留下來的員工就得承擔更多的工作負荷，企業經營者如果能把人員減少所節省薪資的一部份，譬如五成或更多，轉化為工作負荷增加的補償和工作績效提升的獎勵，就能激發他們在短期內自然的改善工作方式，形成企業和員工雙贏的局面，何樂不為？它唯一要克服的是企業經營者見利而忘義，口惠而不實的習性。

47 突出的總是先被注意到

綠草如茵平整如毯的草皮，在一陣春雨過後，隔日就可以看到一些雜草竄長出來，有些雜草像旱地拔蔥似的特別突出，自然成為第一個被園丁順手拔除的對象，那些匍匐在地表上的蔓草和平整的草地等高，經常被忽略反而得以共存。

假日花市攤位老闆總是在有限的空間內盡可能擺放了最多的花草，整片奼紫嫣紅在黑色的小塑膠培養皿中的草花最引人注目，因為價格低廉，很容易吸引逛花市的男女老幼多少順手挑些小花小草，隨意放置在案頭、床邊或小几上，帶來些許生趣；那些花朵特別飽滿碩大或個頭健壯、花苞壘壘的植株，總是被眼尖的客人捷足先登，也因此受到特別的呵護。

同樣的突出，境遇卻有天壤之別。拔掉的小草因為失去土壤和水分的滋潤，很快就乾枯了；豔麗的花草在主人刻意的照顧下，可以在草花短暫的生命期中生意盎然。企業內常常可以看到某些人表現特別突出，尤其是那些口才便給、到處解決問題的人，表面上看來勤奮努力積極任事，很容易就吸引企業經營者的注意而不次拔擢，隨著職務高昇加諸於身的責任越重，企業的興衰成敗和他們習慣性的做法與工作模式，開始產生直接密切的關連。相對的有些人不擅長言詞也不表功，但是思慮周到，每一個步驟都做得確實，事情在可控制範圍內穩定的推展，所以發生問題的機率很低，他不需要花費很多的時間來救火，步調自在閒適、能見度低，企業經營者反而不會注意到他的表現，這些人在升遷的路上緩步而漫長。

到底哪一種工作模式對企業的成長比較有利？花市中滿鋪的草花，因為花朵碩大或花苞壘壘會帶給觀賞者愉悅的心情，理所當然受到憐愛與照顧；但是生長在綠草如茵中的雜草，雖然突出卻破壞了整體的美感，就應該被拔除，如果園中都長滿了雜草，綠草如茵的美景自然被破壞殆盡。

企業經營者在拔擢人才時，到底是要鼓勵那些行為突顯忙於解決問題卻不知如何事先預防的員工，還是輕忽實在做事不出差錯默默不出聲的人？識人之明永遠是企業領導者念茲在茲必須學會的本事。炫麗的表象總是吸引注意，因此刻意外顯的行為也就容易被擴大為評斷一個人的重要項目，但可能華而不實，持續力不長，也極可能只是一棵生長過速的雜草；經營者應該在一群不甚活躍的員工當中，仔細的觀察有哪些人思慮周密做事實在，總是氣定神閒準時交差不出差池，他們或許才是維繫企業於不墜的基本力量，可是通常被輕忽了。

48

資訊系統總讓經營者抓狂

各大都市平時人聲鼎沸最熱鬧的地方就數醫院，除了假日和晚間休診的時段外，各大型教學醫療中心總是熙來攘往忙碌而吵雜。

社會現代化的腳步加快，文明病越來越多，因為高度工業化之下的環境污染和精緻多樣的食物與沒有節制的飲食，使原來發生在老年時期的疾病提早上身有年輕化的趨勢，發病比例因此大幅攀升，不治之症從稀少變成平常，使得大型教學醫療中心始終人滿為患並日益擴增醫療床位。因為對疾病和醫療體系的陌生，就診者每次就醫時，總是帶著一顆忐忑不安的心，一直到診斷結果出來才可能放下心中的巨石；擔憂源自於近親朋友罹病時悲慘境遇的深刻印象和對疾病癥兆及診治方式的無知，就像模石過河的渡水者，預知凶險橫亙在眼前，卻不知道如何跨出下一步？恐懼和憂慮油然而生，如果自己具備充分的醫學知識，或遇到一位好醫生能讓病患產生足夠的信心，則憂慮自然消除泰半。

企業裡有一些是經營者弄不清楚但卻非常重要的事情，最具代表性的就是資訊系統，它擔負起營運中所有程序與時段中資料的存、取、傳遞、演算及維護更新等工作，因此結構複雜難懂，就很像人體的神經系統。大腦的指令和外界的訊息，透過神經系統不斷的往返傳遞，以維持身體機能的正常運作；資訊系統則是由各種大小不一的程式，有系統的組串成一個網路，它是近代科技衍生的產物，運用了許多非傳統、耳熟能詳的技術，而且日新月異，所以專業術語和新詞彙特別多，如果資訊基礎知識不夠紮實，資訊的接收也未與時俱進，這些專業術語與新詞彙的組合就足以迷惑非此領域出身的企業經營者，難以依慣用邏輯和常識看清其本質，更遑論提出讓資訊人員心悅誠服的指示和要求；有時候資訊專業人員因習慣使然或故意以縮寫的專業術語陳述一件簡單的概念和做法，很容易攪亂接收訊息者的思緒，讓非領域內的人霧裡看花、越發迷濛，因不知所以而難以評斷。

跨地域經營是現代企業的特徵並漸成常態。跨地域運作只有透過資訊系統無時差的傳輸特性，才能消除地域的隔閡，使天涯若比鄰，不僅不會因為操作資訊系統減損工作效率，反而是整合企業資源產生綜效不可或缺的工具，其重要性受到絕對的肯定，並凌駕企業中其他的功能區塊，因此企業經營者別無選擇必須在資訊系統的建置和提升上投入更多的心力，不僅得挹助金錢，更得花功夫建立系統的基礎知識隨時接收新知，和建立整合式的概念以破除無知的迷障；如果短期內力有未逮，企業經營者只得思考以重金招聘具備全方位管理能力的資訊幹才為企業資訊化的舵手，並充分授權給他放手施為。

如果企業經營者既擔心又陌生，也不對外求才同時抱持節儉的心態，結果通常不樂觀，到頭來還得付出資訊系統重置的重複投資並承擔延宕的各種損失，得不償失。

49

一開始就錯，可能全盤皆墨

兩家企業的結合和男女結為親家沒有兩樣。

從優生學的角度來看，近親結合所繁衍的後代，罹患先天性疾病或缺陷的比例偏高，所以血緣過近的婚姻為各國法律所禁止，因此絕大部分家庭的建立，都是由原本無姻親關係的男女，因機緣相識後墜入愛河，最後結成連理而邁入婚姻的漫長旅程。從一面之緣到互許終身，波折的愛情路上，男女雙方藉著密集的交往和活動，總希望在許下承諾前充分瞭解可能是未來枕邊人的本質、價值觀、優缺點和家庭背景，雖然如此，漫長的婚姻生活中仍然充滿了荊棘和衝突。近年來離婚率節節升高，顯露出維繫婚姻的困難隨著社會的開放日益提升，雖然大部分男女都經過自由戀愛階段的考驗和歷練，但是實際生活後的衝突和調適能力，仍然是摧毀婚姻最大的因素。

企業成長至一定程度，擁有的資源因有效累積而豐厚，促使企業經營者動了快速成長的念頭，達成心願的捷徑就是購併企業，它可以因此利用被購併企業多年來辛苦建立的基礎，快速的打入某個領域、市場和擴大版圖，就好像邁入婚姻期的男女，體內豐沛的賀爾蒙激發生理慾望催促他們四處尋找伴侶建立自己的家庭。

購併的前提建立在金錢的基礎上，只要出的價錢比競爭者高，讓出售企業的所有人滿意，就可以在一夕之間擁有該企業的所有權和連帶全部的資產與負債，並一圓購併者擴張的美夢。它比較像用錢買到婚姻，不是建立在兩相情願的基礎上，所以購併行為在迎拒之間，經常陷入一廂情願比較財富與出價的境地，相較於成婚過程中，偏高的感性更不理性。兩個沒有共同文化和理念的企業結合，如果沒有經過類似於戀愛過程的磨合期，共處一室時才發現表象和事實差距過大，結果常以離異收場，雙方都受到重創，甚至因此造成虧損的黑洞，拖累購併者的財務而一蹶不振，這類的例子俯拾皆是，不甚枚舉，所以大部分企業的購併訊息一經媒體披露，股價立即應聲下跌，主要原因是投資法人依經驗法則判斷，短期內部看好合併企業後的整體表現所致。

企業的任何行為均應以理性為基礎，尤其涉及動用最大資源的購併行為，稍有閃失，輕者大傷元氣久久難以復原，重者可能斷送企業的生命，因此企業的購併決策不能由企業經營者或董事會少數的成員任憑個人的直覺和意志而定，它必須建立在事先周密的訪談和數據資料的分析比對中得知端倪，如果被購併企業對某些關鍵的訊息特意的隱瞞或拒絕配合，就好比論及婚嫁的一方拒絕健康檢查一樣，顯然有難以啟齒之疾，其後果和風險自然可以預期；評估如果有不涉及利益分配的第三者加入團隊協助進行，就可以免除來自企業經營者的直接壓力，更自在的對購併雙方融合時的重要匹配項目，例如：文化的融合和購併者的管理能力提出客觀的評論。事先越周全的預防，遠勝於購併後的懊悔與補救，持續穩定的成長也好過於孤注一擲來的快去的也快的博弈。

50 聰明可以複製，創新快速累積

社會的進步是許許多多的創新累積的結果。

各行各業都有一些聰明人，在他們專精的領域內創造出不同以往的東西，這些東西經過細心的整理後，透過某些媒介，一傳十、十傳百的讓其他人分享，別人因此也學會了這些創新的東西，又激發另一群聰明人在這個基礎上再創造出更新的東西，社會因而不斷的往前進步。無償使用讓創新者心有不甘，實力強大的國家開始散播並極力推行智慧財產的觀念，要求使用者在運用創新的東西時，必須付出相當的代價，並以國家或國際的力量強制執行。使用者在運用他人創新的東西時必須付出代價言之成理，但也因為佔人口多數的貧窮者負擔不起，反而相當程度的減緩創新的傳播速度和範圍，導致進步遲滯的負面效益；因為付費的積少成多，創新者或創新能力強大的國家迅速累積財富，導致財富分配的平衡性受到衝擊，付費的合理性受到質疑。

經營企業也是創新行為的一種。每一家成功的企業都有它獨到之處，可能是研究發展或生產技術有過人之處，也可能是整體的管理能力超群，企業就用這些創新的東西，一地一地的拓展、一步一步的擴張，如果這些獨特創新的東西經過系統化的整理，它可以輕易的以聰明複製的方法，達到快速擴張的效果，就好像經過編輯整理的音樂或影像，只要花費少少的材料成本，就可以複製出成千上萬的光碟片和他人分享創新的成果，創作者並因此快速的累積財富。

各行各業中以連鎖店的擴展為聰明複製的最佳案例，動輒成千上百家店面的連鎖體系，每一家店看來都一個模樣，單店並不起眼的收益，經眾多家數的乘數效應，累積的營收令人咋舌。除了耳熟能詳的連鎖店是聰明複製的典範外，其他行業的經營者，似乎對聰明複製就非常陌生了，他們通常不知道要把經營企業過程中的點點滴滴和心得與方法，有系統的蒐集整理成冊，以備有朝一日當資源累積到足以擴張至另一地域或機會突然來臨時，能有所本的快速建立另一個成功的灘頭堡。

苦心經營的心得如果只是雜亂的散置在個人的記憶中，不會產生擴大的效果，就如同樂曲的原創者如果未能公開出版，再好的旋律僅止於孤芳自賞難引共鳴。企業經營者每隔一段時日，應讓自己有沉澱的機會跳脫出例行公事，和所有的主管共同回顧並整理這個時段的收穫和教訓，去蕪存菁有系統的放置在一定的框架中，框架的組成因為產業的特性而異，但不脫營運中所涉及的各項功能，這些心得和創新可以程序、方法、步驟、注意事項、政策、原則等方式呈現。

大部分企業經營者和主管文字化的能力非其強項，有時連系統邏輯能力也有缺陷時，就得藉助專人將口述整理成文字，將雜亂的資料彙集成可用的資訊。企業經營的知識、經驗和創新均是涓滴累積的結果，不容許中途稍歇停頓，只有當需要時才回收而顯現成果，同樣在用時方知不足，因為這種特性反而讓經營者忽略做這件事的重要。

51

騰出位置放新東西

實體有形的東西容易明白，虛擬無形的事務就讓人迷惑了！

因為工作機會多和生活機能豐富，吸引多數人往都市謀求出路，都市人口越多，居民可分配的生活空間自然受到限縮，因此居家的室內設計特別講究空間的運用，希望在有限空間內，既能滿足存放各式各樣必備的生活用品，但又不失明亮寬敞的感覺，所以室內設計師得費盡心思規劃許多儲物空間和設施，同時讓各種物品擺置的井然有序。

五花八門眼花撩亂的商品，誘使消費者隨機衝動式不斷的購買，嚐鮮期一過，大部分的物品束諸高閣，加上戀舊捨不得丟棄的心理，預留存放的空間逐漸塞滿塞爆，如果要再添加新東西，勢必得出清舊品騰出空間，自然阻礙了添購新東西的速度，經過一段較長的時間後，居家用品慢慢老舊，再也感受不到初搬新居時，萬物簇新、明亮寬敞的感受了。

企業在經營之初，碰到的所有事情幾乎都是第一次發生，也是全新的體驗，此時的企業經營者心中未存定見調適能力特別強，很願意接受別人的意見和想法，比較能客觀的剖析各方意見的優劣和可行性而理性的判斷，因此員工受到鼓舞願意不計利害的提出看法，也能吸引各方好手共襄盛舉，這段期間因為經營者均親身經歷，成與敗的經驗都牢牢的儲存在其記憶空間內，隨著時間演進越積越多，並因頻繁使用定型為牢不可破的法則，慢慢的同類型的新想法或做法，就不容易毫無障礙的進入儲存的記憶空間內，就好比居家的儲物空間已被各式各樣的物品佔據，如果不出清舊物品騰出空間，新東西則難以進駐；經營者豐富的經驗對絕大部分的事情早一步心存定見，開始聽不進不同的聲音，員工在遭遇到幾次挫折後，有些人學會噤聲不語，有些則以附和博取經營者的好感爭取晉升的機會，企業內的一言堂現象逐漸形成。

經驗法則同時告訴我們，沒有一成不變的東西，也沒有唯一的方法，當然也不可能有任何一個人的決定永遠是對的。企業的進步源自於創新，它會在開放的環境中因無所顧忌而激盪萌芽，許多不同背景和年輕世代的另類思考，經常激發出意想不到的驚喜。身為最終決策的經營者，如果不能清空舊的記憶空間，則難接納新的思維，如同電腦的記憶體充斥陳舊過時的資訊，新資料自然找不到儲放的位置。

傑出的企業經營者，雖然已有令人稱羨的傑出成果，還得學會放空，知道如何把已經塞爆的記憶空間騰空，當然還得同時在行為上卸除最高領導者的束縛與習慣性的行為，員工才可能卸下心防、掏心掏肺的說出他們的看法和想法，也才能真正的得到寶貴的建議。

已經習於一言九鼎的您，能嗎？

52 別讓一粒屎壞了一鍋粥

獨木舟或僅容數人的小艇，如船身破洞，不旋踵間即水滿船沉，船員只有棄船逃命一途，別無良方。一艘千萬噸級的大型豪華郵輪，陳設華麗、服務多元而周到，吸引上千的遊客搭乘稀鬆平常，如船身意外地受到外力撞擊而破損，船長該怎麼辦？不到最後關頭不能要求成千的旅客搭救生艇疏散，所以大型豪華郵輪在設計建造之初，工程師們即設計成可以單獨的封閉受損部位，讓它和其他完整的船艙隔離，將意外所造成的漏水、火災或其他損害控制在特定的小範圍內，以保全其他部位維持正常的運作功能，避免因一次的小意外連帶引發成無可彌補的大災難。同樣的做法也被運用到汽車安全防護的設計，為了盡可能保障車內乘客的安全，當車輛受到前方的撞擊時，車身前段的金屬外殼以變形潰縮盡可能吸收撞擊的力道，但保持主要框架部位的完整，以保障車內乘客免受過大力道衝擊的傷害並安全脫困。工程師們在設計船與車時，都秉持以次要有限的損害控制，換取主要部位最大利益的原則，以小區塊切割控制的手法達到保全主體的目的。

企業由單一公司的小規模逐漸成長為跨地域多元功能大規模的企業集團，麾下所屬的大小組織和組織間的隸屬關係，因各別產業的特性和不同的發展歷程，形成各種不同的組合型態，他們可能是企業集團在成長演變過程中自然的產物，其中或許有部分是為了因應各種特殊狀態和要求下的精心安排，因而形成錯綜複雜的關係，一段時日後，有些關連性連決策的企業經營者都可能暫時性的失憶，執行命令和例行事務的工作同仁與外界投資大眾，只能從公開資訊中略知其梗概，難知其真相與脈絡。

關係企業間的相互支援原本是集團企業資源充分運用產生綜效的好事，集團內實力雄厚的老大哥，支援新成立尚未站穩腳步的事業單位理所當然，但企業集團往往濫用這種親密的關係，透過交叉持股、交互背書保證、信用額度共用、商業本票彼此持有、業務往來、庫存移轉等林林總總的方式，使集團中某些經營績效不彰的事業單位，在整體性考量相互支援理念的覆蓋下，實際的經營績效和潛在問題，因蒙上這層面紗未能充分即時的揭露，而埋下未來重創集團整體營運的因子。

大型企業雖以集團名義對外展示實力，呈現整合的成果，實質上卻應學習郵輪設計時的概念，讓集團旗下的各事業單位在資金與營運面盡可能獨立的運作，在自負盈虧和謀求生存發展的壓力下，一方面可以激發事業單位經營主管力圖表現的意志，另一方面在它面臨問題時容易精確的找到病兆對症下藥。如果碰到突發的災難，也可以因此將損害控制在一定範圍內，不至於因錯綜複雜難以割捨的關係，使病毒蔓延至整個集團，一發不可收拾。企業經營者在企業擴展之初最好即能秉持這種概念，有時候看似未盡情理的割捨方式，反倒是睿智的決定，因為沒有人希望一粒屎壞了一鍋粥。

53

購併別過於自信貪便宜

古有明訓，挑親家得門當戶對，購併企業和男女娶嫁沒兩樣，當然得找對等的標的下手。

老觀念如果現代也用的上，證明它就是先人智慧的結晶，持久恆新，不隨時間而褪色。原本互不相識且出身背景各異的男女，如果僅因濃烈的愛情，不顧其他配合因素的差異而結合，最終大多在感情變淡後以離異收場，離婚率的逐年攀升，證實顯示這一代年輕族群對婚姻本質認知過於膚淺的的事實。不成熟的結合，換來以單親角色獨立含辛茹苦扶養子女的苦楚，大半輩子都得承受因輕率任性帶來的後遺症。

以白話闡述門當戶對，不也就是知己知彼條件相當。男女雙方的出身背景、家庭環境和個人條件大致相當時，生活習慣和思考做法差異就不大，共同生活時引發衝突的機率自然大減，離異較不會發生。大部分離異的家庭，當初並不是不知彼此間的差異，只是被濃郁的愛沖昏頭時，經常一廂情願自認為假以時日愛情的魔力可以改變對方的行為或觀念，孰知大多數事與願違。

當企業成長至一定規模具備不錯的條件時，自然會興起找尋標的藉購併以擴大規模，一圓經營者美夢的念頭，並吸引一些企業主動投懷送抱，形同青春期的少男少女受到賀爾蒙大量分泌的影響，不自主的找尋伴侶一樣的自然，或許購併的行為可比擬為企業成長過程中，企業的賀爾蒙大量分泌激素所引發的行為。兩家企業的結合，可就不像買賣商品般的簡單，通常是購併者以辛苦建立的企業信譽，作為購併的賭注，希望獲得一加一大於二及倍數的效益。按常理來說，選擇購併的對象應非常慎重而客觀，才不會陷入一廂情願過渡樂觀的情境，更不能用過於自信、妄自尊大的認為有改變或調整被購併企業現狀的充分能力，如同男女雙方結合，單方面期望改變對方行為一般的不切實際。

被購併企業的形式風格和作業方式是多年來演變累積的結果，成為企業的特有文化深植在員工心中和作業程序中，如未經相當時間的逐步調適或忍受大刀闊斧的痛苦，都將難以更動現況，所以如被購併之標的和購併者之間在各方面有過大的差異，不是被購併企業調整改變的步伐太慢、時間過長而拖垮購併者的財務，就是因大動干戈傷筋害骨而大失所望。

過於自信足以誤事外，便宜的售價經常也是誘使經營者掉入購併陷阱中的誘餌，東西便宜好貨不多，企業界中價廉物美的公司輪不到非專業購併的企業來分食，絕大部分低廉價格的背後，需要購併者付出預期以外數倍的金錢和努力，來填補深不可測的坑洞，常因此折損購併企業的元氣，久久難復。

BOSS館01 PI0016

老闆一定要聽的50句真話

作　　者 / 施耀祖
責任編輯 / 林泰宏
圖文排版 / 蔡瑋中、王思敏
封面設計 / 王嵩賀

發 行 人 / 宋政坤
法律顧問 / 毛國樑　律師
印製出版 / 秀威資訊科技股份有限公司
114台北市內湖區瑞光路76巷65號1樓
電話：+886-2-2796-3638　傳真：+886-2-2796-1377
http://www.showwe.com.tw
劃撥帳號 / 19563868　戶名：秀威資訊科技股份有限公司
讀者服務信箱：service@showwe.com.tw
展售門市 / 國家書店（松江門市）
104台北市中山區松江路209號1樓
電話：+886-2-2518-0207　傳真：+886-2-2518-0778
網路訂購 / 秀威網路書店：http://www.bodbooks.com.tw
國家網路書店：http://www.govbooks.com.tw
圖書經銷 / 紅螞蟻圖書有限公司
114台北市內湖區舊宗路二段121巷28、32號4樓
電話：+886-2-2795-3656　傳真：+886-2-2795-4100

2012年3月BOD一版
定價：250元

國家圖書館出版品預行編目

老闆一定要聽的50句真話 / 施耀祖著. -- 一版.
-- 臺北市 : 秀威資訊科技, 2012.03
面； 公分. -- (BOSS館 ; PI0016)
BOD版
ISBN 978-986-221-904-1(平裝)

1. 企業管理

494 100027847

讀者回函卡

感謝您購買本書，為提升服務品質，請填妥以下資料，將讀者回函卡直接寄回或傳真本公司，收到您的寶貴意見後，我們會收藏記錄及檢討，謝謝！

如您需要了解本公司最新出版書目、購書優惠或企劃活動，歡迎您上網查詢或下載相關資料：http:// www.showwe.com.tw

您購買的書名：______________________________

出生日期：________年________月________日

學歷：□高中（含）以下　□大專　□研究所（含）以上

職業：□製造業　□金融業　□資訊業　□軍警　□傳播業　□自由業

□服務業　□公務員　□教職　□學生　□家管　□其它_____

購書地點：□網路書店　□實體書店　□書展　□郵購　□贈閱　□其他

您從何得知本書的消息？

□網路書店　□實體書店　□網路搜尋　□電子報　□書訊　□雜誌

□傳播媒體　□親友推薦　□網站推薦　□部落格　□其他__________

您對本書的評價：（請填代號　1.非常滿意　2.滿意　3.尚可　4.再改進）

封面設計____　版面編排____　內容____　文／譯筆____　價格____

讀完書後您覺得：

□很有收穫　□有收穫　□收穫不多　□沒收穫

對我們的建議：______________________________

____

____

____

請貼
郵票

11466
台北市內湖區瑞光路 76 巷 65 號 1 樓
秀威資訊科技股份有限公司 收
BOD 數位出版事業部

....

（請沿線對折寄回，謝謝！）

姓　　名：______________ 年齡：________ 性別：□女　□男

郵遞區號：□□□□□

地　　址：__________________________________

聯絡電話：（日）______________（夜）______________

E-mail：__________________________________